U0397330

铁皮石斛组织培养与集约化优质栽培技术

丁小余　薛庆云　牛志韬　刘　薇　著
郭照湘　曹瑞钦　张文德　张本厚

东南大学出版社
SOUTHEAST UNIVERSITY PRESS
·南京·

图书在版编目(CIP)数据

铁皮石斛组织培养与集约化优质栽培技术/丁小余等
著.—南京:东南大学出版社,2020.12
ISBN 978-7-5641-9387-4

Ⅰ.①铁… Ⅱ.①丁… Ⅲ.①石斛-组织培养②石
斛-栽培技术 Ⅳ.①S567.23

中国版本图书馆 CIP 数据核字(2020)第 269548 号

铁皮石斛组织培养与集约化优质栽培技术
Tiepi Shihu Zuzhi Peiyang Yu Jiyuehua Youzhi Zaipei Jishu

著　者	丁小余　薛庆云　牛志韬　刘　薇　郭照湘　曹瑞钦　张文德　张本厚	
责任编辑	陈　跃	
电　话	(025)83795627	电子邮箱　chenyue58@sohu.com

出版发行	东南大学出版社	出 版 人　江建中
地　址	南京市四牌楼 2 号	邮　编　210096
销售电话	(025)83794121/ 83795801	网　址　http:// www.seupress.com

经　销	全国各地新华书店	印　刷　南京迅驰彩色印刷有限公司
开　本	889×1194mm　1/ 16	印　张　14.5
字　数	371 千字	
版印次	2020 年 12 月第 1 版　　2020 年 12 月第 1 次印刷	
书　号	ISBN 978-7-5641-9387-4	
定　价	168.00 元	

* 本社图书若有印装质量问题,请直接与营销部联系。电话:025-83791830。

序

  铁皮石斛(*Dendrobium officinale* Kimura et Migo)为多年生草本植物,又名"黑节草",别称"万丈须",隶属于兰科(Orchidaceae)石斛属(*Dendrobium*),是我国特有的珍稀濒危药用植物。作为石斛兰的重要成员,铁皮石斛兼具观赏价值与药用价值,其花语为具有"坚韧、顽强、拼搏"的精神和"刚强、祥和、可亲"的气质,且在江苏、安徽地区通常在6月份父亲节期间进入盛花期而被誉为"父亲节之花"。铁皮石斛药材是我国最具盛名的传统名贵中药材之一,其富含石斛多糖和生物碱,具有养阴生津、润肺明目、养胃护肠、抗癌防老等功效,蕴含着巨大的药品、保健品市场发展潜力。

  铁皮石斛在自然状态下种子萌发率低,生长周期长,繁殖系数低。在20世纪七八十年代后,随着市场需求的增加,铁皮石斛被人类大量采挖,其野生资源受到了极大的破坏,濒临灭绝。为保护我国传统珍稀中药材资源,满足市场对铁皮石斛的需求,人们急需攻克铁皮石斛人工繁育技术难题。铁皮石斛种子只有胚,没有胚乳,只有依靠组培技术才能实现克隆繁殖。文献中铁皮石斛的组培方案存有许多问题,例如:瓶苗培养周期长、培养基配方繁多、繁殖系数低、激素用量大、生产成本高,亟待建立经济高效、低成本的标准化组培生产体系等。人工栽培方案文献中也记载较多,但人工设施栽培更需要标准化、工匠化、接地气、讲效益,特别是要适应江、浙、沪、皖等长三角地区的种植特点,因此,开展铁皮石斛组织培养与集约化优质栽培技术的研究十分必要。

  丁小余教授在中国药科大学生药学专业攻读博士学位期间(1998.9—2001.11)就已与石斛属生药学研究结下了不解之缘,在徐珞珊教授、王峥涛教授的悉心指导下,其博士学位论文《中国枫斗类石斛的生药学研究》获2002年江苏省优秀博士论文。博士毕业后,丁小余继续在南京师范大学生命科学学院工作,与所带领的研究团队一起,始终聚焦于石斛属植物遗传资源与可持续性利用的研究前沿,特别专注于"九大仙草之首"铁皮石斛野生资源与可持续利用的研究。相关研究获得了多项国家自然科学基金以及省部级研究基金的资助,主要参加的石斛研究项目获"2008年教育部自然科学一等奖"。该团队自2003年起就着手开展了"铁皮石斛的组织培养与栽培技术"的研究,在2014年联合了各紧密合作的石斛生产企业,申报了"江苏省石斛兰产业化技术工程中心",于2015年正式获得江苏省发改委的批准立项。书中"组织培养"的每个实验部分都是自己团队成员的理论与应用研究创新过程的写照,后经反复凝练,现均已成功应用于各相关合作企业的生产,已取得了显著的经济效益、社会效益和生态效益。

编著此书的目的就是借此机会对铁皮石斛组织培养及高效栽培技术进行全面系统的概述,使我们对铁皮石斛及其集约化生产技术有更深的了解,便于持续性地开发利用铁皮石斛资源,也为其他兰花资源的保护和利用提供借鉴。书中的集约化优质高效栽培技术都是研究团队与各企业开展的成功案例,图片真实地、分阶段地展现了研究团队在各企业开展"铁皮石斛组织培养与集约化优质栽培"方面的产学研校企合作的成功实例,实例中的图片均为著者丁小余教授多年来对各合作企业铁皮石斛产业发展情况的真实记录,极具参考价值。

著 者

2020.8.18

前　言

　　铁皮石斛(*Dendrobium officinale* Kimura et Migo)是我国特有珍稀的兰科石斛属药用植物,是古典药学著作中记载的石斛类药材中的"味甘者",其味甘、质重、粘性大,含有17种氨基酸、丰富石斛多糖、菲类化合物、联苄类化合物以及微量元素等多种药用成分,具有养阴生津、润肺明目、养胃护肠、抑制肿瘤、增强人体免疫力等诸多功效。早在秦汉时代我国第一部药学专著《神农本草经》中就这样记录铁皮石斛,"主伤中,除痹,下气,补五脏虚劳羸弱,强阴,久服厚肠胃";明代李时珍的《本草纲目》中也记录:"石斛除痹下气,补五脏虚劳羸瘦"等诸多功效。现今的2020版《中华人民共和国药典》已把铁皮石斛单独立为石斛类药材中的独立项,无疑确定了铁皮石斛的重要地位。铁皮石斛一般生长于海拔800~1500米的悬崖峭壁上,喜欢温暖湿润的气候和半阴的环境。由于人类的过度采挖,铁皮石斛野生资源已濒临枯竭,已被我国列为国家重点保护的药用植物,实现其资源的可持续利用是我国科学工作者与企业家们义不容辞的重任。利用植物组织培养和优质高效栽培技术,对铁皮石斛进行快速繁殖,不仅可以解决铁皮石斛市场供应量不足的状况,同时也是保护野生铁皮石斛资源的有效途径。

　　2015年,由江苏省发展改革委员会批准成立的江苏省石斛兰产业化技术工程中心在江苏省应运而生了,该工程中心是以南京师范大学为骨干单位,联合了具有长期合作关系的江苏省主要从事铁皮石斛产业的骨干企业,借力国家石斛产业化技术战略联盟的平台优势,对铁皮石斛组织培养及优质栽培技术、相关产品研发与产业链延伸等系列课题进行了联合攻关,取得了显著成绩。其中,以工程中心主任丁小余教授为首的科研团队,基于20余年铁皮石斛理论研究的基础,进一步开展了组培与栽培方面的研究,针对企业在组织培养过程中出现的系列问题,如:培养时间较长、能耗成本较高以及栽培过程中品质不稳定、农残和重金属超标等系列问题,进行了培养基优化、设施改进、无公害栽培、仿野生栽培以及有机栽培技术等系列技术创新,取得了显著的科研成果。此书出版,为研究团队的总结和展示提供了良机。书中组培与栽培实例,均为江苏省石斛兰产业化技术工程中心的主要骨干成员单位十多年来从事铁皮石斛集约化生产的成功案例。该书图文并茂,力求让图片去反映技术的实施过程,让文字去描述技术的执行细节。因此,对于从事铁皮石斛及相关石斛与兰花产业的同行读者来说,对照本书的图文是可以再现出相关技术的,因而具有重要的指导价值。

在这里要感谢研究团队的数位博硕研究生,他们在南京师范大学植物学专业攻读学位期间,在导师丁小余教授的悉心指导下作出了重要贡献,他们分别是:郑瑞、吴睿、刘玲、耿丽霞、任洁、张本厚等研究生同学。需要特别感谢的是郑瑞同学,她在硕士毕业后自愿去吴盛健康产业集团工作了两年,主要负责铁皮石斛的组培技术,为该公司铁皮石斛集约化生产过程的组织培养阶段的顺利开展与产学研工作的迅速推进作出了显著成绩。

这本专著虽然问世,但是其中肯定有许多不足之处,请广大读者提供宝贵的意见,以便本书的修正。

著　者

2020.8.20

目　录

第一章　植物组织培养基本知识

第一节　植物组织培养的概念、原理与发展历史

一、植物组织培养的概念

植物组织培养是从母本植物中分离出细胞、组织或器官，在无菌条件下，在人工培养基上对其进行培养以获得再生植株的科学。植物组织培养对象范围很广，涵盖组织（形成层、薄壁组织、叶肉组织、花药组织、胚乳、皮层）、器官（根、茎、叶、花、果实、种子等）、细胞（体细胞和生殖细胞）及原生质体等。

目前，我们普遍采用的植物组织培养概念描述为——在无菌和人工控制的环境条件下，利用人工培养基，对植物的胚胎、器官或器官原基、组织、细胞、原生质体等进行精细操作与培养，使其按照人们的意愿增殖、生长乃至再生发育成完整植株的一门生物技术学科。

二、植物组织培养的原理

细胞全能性和多能性是植株再生的细胞基础。理论上，植物体任何一个细胞都携带着一套发育成完整植株的全部遗传信息，在离体培养情况下，这些信息可以表达，产生出完整植株。

在高等植物的有性生殖过程中，来源于两个亲本的单倍体配子，即卵细胞和精细胞，融合后形成二倍体的单细胞受精卵，并继续发育成胚胎，最终形成完整的新植株。因此，单细胞受精卵具有发育成完整植株的能力，是植物中典型的全能性细胞。在自然界中，许多特殊的植物能够在卵细胞未受精的情况下产生胚胎，即孤雌生殖，是无融合生殖现象之一。还有一些植物，如落地生根等可以在叶子的边缘通过器官发生和体胚再生的协同过程形成不定胚，然后通过胚胎发生完成植株发育。植物大部分体细胞只能表现一定的形态和生理功能，是因为它们受控于其所处的特定生长发育环境。当它们脱离植株而处在离体状态，失去特定发育环境条件的制约，在一定的条件下，如胁迫、创伤或激素等外界条件刺激，植物体细胞就会进入脱分化状态，进而表现出细胞全能性。

2005年，植物细胞全能性被《科学》杂志列为125个最具挑战性的科学问题中的前25个问题之一。一个植物体细胞如何在激素的作用下被重新编程，以及一个植物细胞如何通过协调细胞分裂和分化而发育成一个完整的器官或植物，至今仍是未知的。

三、植物组织培养的发展历史

植物组织培养开始于 20 世纪初期，发展至今已百余年，主要分为 3 个阶段：探索阶段、奠基阶段和迅速发展实用化阶段。

1. 探索阶段（20 世纪初至 30 年代中期）

根据细胞学说，Haberlandt（德国）于 1902 年提出了细胞全能性概念，认为离体培养的植物细胞具有通过胚胎发生过程而发育成完整植株的潜在能力。为了证实这一点，他将植物的髓细胞、叶肉细胞、气孔保卫细胞、表皮细胞、腺毛、雄蕊毛等多种细胞放置在他自己配制的营养物质中进行培养，结果发现细胞在培养基上可生存比较长的时间，但细胞只增大，却没有分裂和增殖。后人分析 Haberlandt 实验失败的主要原因有两个，即培养的对象皆为高度分化的细胞和培养基营养成分简单且缺乏生长激素。

在探索阶段植物组织培养主要在以下两个方面取得了有深远意义的结果：一是胚培养获得成功。1904 年，Hanning 利用含有无机盐和蔗糖的溶液对萝卜和辣根菜的胚进行了培养，并使这些胚在离体条件下长到成熟；亚麻种间杂交可形成种子，但杂交种子后期却不能成活，1925 年，Laibach 把亚麻种间杂交种种子中的胚剖出，将其在人工培养基上培养至成熟，从而证明了胚培养在植物远缘杂交中应用的可能性。二是根培养获得成功。1922 年，Robbins（美国）和 Kotte（德国）分别报道培养离体根尖获得成功，这是最早的器官培养实验。

2. 奠基阶段（20 世纪 30 年代中至 50 年代末）

1934 年，White（美国）用无机盐、糖类和酵母提取物配制成培养基（称怀特培养基），培养番茄根尖切段，建立了第一个活跃生长并能继代繁殖的无性繁殖系。1937 年，White 以 3 种 B 族维生素，即吡哆醇、硫胺素和烟酸，取代酵母提取物用于组织培养并获得了成功。1939 年，White 成功地对烟草种间杂种幼茎的形成层组织进行了类似组织培养，并提出了植物细胞全能性学说。

Gautheret 于 1934 年培养山毛柳和黑杨等形成层组织时发现，在培养基中加入 B 族维生素和吲哚乙酸 IAA 后，培养物的生长显著加快。这些实验揭示了 B 族维生素和生长素的重要意义。在此基础上，Gautheret 在 1939 年对胡萝卜根的形成层进行了连续培养并首次获得成功。

White、Gautheret 和培养胡萝卜根并使细胞增殖获得成功的 Nobecourt 并称为植物组织培养的奠基人。

在 20 世纪 30~40 年代，我国李继侗、罗宗洛、崔澂和罗士韦等教授也开展了一系列植物组织培养工作。1934 年，李继侗和沈同发表的《银杏胚在体外的发生》《泛酸对酵母生长及银杏胚根在人工培养基中生长的效应》等文章是我国植物组织培养和器官培养的开端。这些文章首次报道了银杏胚乳中存在促进胚胎在体外培养基上生长发育的未知物质。1942 年，罗宗洛和罗士韦研究了氮源对玉米离体根尖生长的影响。1943 年，罗士韦和王伏雄在世界上首次实现了裸子植物的胚胎体外培养。此后，罗士韦又建立了植物茎尖离体培养技术，成功地利用该技术使菟丝子在试管中长成植株并开花。

1955 年，Miller 等从鲱鱼精子 DNA 中分离出一种初为人知的细胞分裂素，将其定名为激动素（kinetin，KT）。1957 年，Skoog 和 Miller 提出了有关植物激素控制器官形成的观点。1958 年，美国植物学家 Steward 等人证实了 Haberlandt 在五十多年前关于细胞全能的预言。他们对胡萝卜韧皮部细胞进行了培养，最终得到了完整的再生植株，并且这一植株能够开花结果，这一过程与胡萝卜受精卵形成合子胚的发育颇为相似。

奠基阶段取得的进展在于：一是认识了 B 族维生素在植物生长过程中的重要作用，二是发现了植物激素可以控制器官形成。

3. 迅速发展实用化阶段（20 世纪 60 年代至今）

1960 年，Cocking（英国）等用分离自真菌的纤维素酶成功解离得到番茄幼苗根的原生质体。此后 10 年，商业化的纤维素酶、半纤维素酶和果胶酶也逐渐发展成熟。1971 年，Takebe 等首次由烟草原生质体培养获得了再生植株，不仅在理论上证明了无壁的原生质体与体细胞和生殖细胞一样具有全能性，而且在应用中因为不存在细胞壁障碍可以成为外源基因导入的理想受体材料。

原生质体培养获得成功后，体细胞融合技术也发展迅速。1972 年，Carlson 等将分别来源于粉蓝烟草和郎氏烟草的两个原生质体进行融合，首次获得了体细胞杂种；1978 年，Melchers 等还获得了马铃薯和番茄的体细胞杂种。后来在有性亲和及有性不亲和的系本之间，不同研究者又获得了若干其他的体细胞杂种。

20 世纪 70 年代中后期，中国科学院植物研究所、中国科学院遗传研究所、中国科学院上海植物生理研究所、兰州大学、山东大学等科研院所和高校开始开展植物原生质体培养和体细胞杂交工作。除了摸索与建立原生质体培养体系外，还希望以原生质体为受体导入外源 DNA，或通过体细胞杂交，获得一些重要农作物的杂种。在这一方面，我国科学家做出了一系列出色的工作。一批重要农作物，包括水稻、小麦、玉米、高粱、谷子等禾谷类作物，大豆、花生和蚕豆等豆科植物，以及多种果树和林木，都通过原生质体培养获得了再生植株。此外，高国楠等创立的通过 PEG 处理促进细胞融合的方法也得以普及。

由于单倍体在突变选择和加速杂合体纯合化过程中的重要作用，在 Guha 和 Maheshwari 的开创性工作之后，花药培养研究在 20 世纪 70 年代得到了迅速发展，成功培养的物种数目不断增加，其中包括了很多重要的栽培物种。1967 年，Bourgin 和 Nitsch 利用类似的体系实现了烟草单倍体植株的诱导。1968 年，Niizeke 和 Oono 首次实现了通过花粉培养体系诱导单倍体谷类作物。

我国众多科研院所也早在 20 世纪 70 年代初期便开展了花药培养相关的研究。我国学者对水稻、小麦、玉米等禾谷类作物以及多种蔬菜的花药培养做了系统的工作，并培育出一系列花培品种和品系。值得一提的是，中国科学院植物研究所朱至清和孙敬三等人发现，低氨和过滤除菌的葡萄糖对水稻花粉的愈伤组织形成和体细胞胚发生具有促进作用，并在此基础上成功研制了适合小麦花药培养的 N_6 培养基。

利用植物茎尖离体培养方法生产脱毒苗是 20 世纪 70 年代我国植物组织培养和细胞工程研究的又一重要方向。脱毒苗在应用上最成功的首推马铃薯，在其他块根块茎类植物如薯蓣、甘薯和中药怀地黄，以及无性繁殖的果蔬类植物，如香蕉、草莓等也取得了良好的效果，增产效果显著。

自 1964 年起，利用植物细胞培养生产具有药用价值的植物次生代谢化合物成为国内植物组织培养的一个重要研究领域。中国科学院植物研究所叶和春课题组在这一领域取得了多项重要研究成果。其中"新疆紫草细胞大量培养生产紫草宁衍生物"的研究成果经专家鉴定，达国际先进水平。1978 年，中国科学院昆明植物研究所实现了三分三（*Anisodus acutangulus*）、三七（*Panax notogenseng*）、萝芙木（*Rauvolfia verticillate*）3 种药用植物的愈伤组织培养，且这些愈伤组织均保留了药用生物碱的生物合成能力。

此外，作为植物组织培养和分子生物学结合的产物，在 20 世纪 70 年代中期诞生了转基因育种技术，为根据人类需要定向改变植物遗传性开辟了一条崭新的途径，也成了当今植物遗传改良领域的研究热点。

第二节　植物组织培养实验室的设置

植物组织培养是一项对技术要求较高的工作。为了确保组织培养获得成功，必须满足最基本的实验设备条件，并熟练掌握无菌操作相关技术。

植物组织培养实验室主要由 3 部分组成：准备室、接种室和培养室，见图1-1、图1-2。

准备室主要用于组培相关器具的洗涤、干燥和保存，培养基的配制、分装和灭菌，化学试剂的存放及配制，重蒸馏水/纯水的生产，待培养植物材料的预处理，培养物的常规生理生化分析等。所以，准备室中应设置水池、晾干架、实验台、药品柜、冰箱、分类垃圾桶，同时配备高压蒸汽灭菌锅、电子天平（包括精密度为 1 g 的药物天平、0.1 g 的扭力天平和 0.0001 g 的分析天平，其中药物天平和扭力天平用于称量大量元素、琼脂和蔗糖等，分析天平则主要用以称量植物激素和微量元素）、小型酸度测定仪或 pH 值为 5.0～7.0 的精密试纸、纯水仪、烘箱、显微镜等仪器。

图 1-1　植物组培室布局图

图 1-2　植物组培室实景图

接种室主要用于植物外植体的消毒和接种、组培苗的继代转移等，应达到无尘、无对流空气、清洁度高等标准。接种室一般设内外两间：外间较小，为缓冲间；内间稍大，供接种用。接种室内应安装紫外灯，在操作前至少开灯 20 min，起环境消毒灭菌的作用。室内还可以定期用甲醛和高锰酸钾（每平方米空间需 2 mL 甲醛与过量的高锰酸钾）产生的蒸气熏蒸。组培相关操作一般都在超净工作台上完成。超净工作台不仅操作方便，且效果也很好。植物组织培养应该配备的无菌操作设备主要包括镊子（尖头镊子适用于解剖和分离叶表皮；枪形镊子，由于其腰部弯曲，适合用来转移外植体和培养物）、剪刀、解剖刀（活动解剖刀可以更换刀片，较适用于分离培养物；而固定解剖刀适用于较大外植体的解剖）、酒精灯、电热灭菌器（分为玻璃珠灭菌器和红外线灭菌器，操作简便、对环境无污染、无明火、不怕风，用于接种器械的消毒，可代替酒精灯）、双通实体显微镜等。无菌室还应有抽气泵供培养基（液）成分进行抽滤灭菌用。

培养室是组培实验室的又一重要组成部分，主要为外植体提供生长所需的温湿度、光照和气体等条件。固体培养中一般使用培养架，供放置培养瓶用，培养架可用漆成白色或银灰色的三角铁制成或者直接用超市货架，每层可用透光效果好的玻璃板作为隔板。液体培养需要借助摇床或旋转床完成。摇床做水平往复式或回旋式振荡，促进空气的溶解，同时培养材料的上下翻动，均可改善液体培养体系的通气性。旋转床是将培养容器固定在缓慢垂直旋转的转盘上，通常每分钟转 360°。随着旋转，培养材料交替浸入培养液和暴露于空气中。植物培养室内的温度大都采用空调机来控制，通常要求在 25℃ 左右。培养室内湿度应保持在 70%～80%。在冬季，室内装配有加温设备，空气干燥，湿度很低，容易造成试管或培养容器内培养基干涸，可通过加湿器保持湿度；夏季，空气湿度大，易造成组培间污染加重，可采用除湿机控制湿度。培养室的光源一般采用普通的白色日光灯。现今，植物培养也可使用 LED 灯，常用红、蓝、白光，其中红光峰值波长 660 nm，蓝光峰值波长 450 nm，白光色温 6 500 K，可以根据植物生长需求定制红、蓝、白光谱比例。为了工作方便，通常采用自动定时器控制光照时间，以免每天要人工开灯和关灯。

培养条件对铁皮石斛的生长有重要影响。秦延豪的研究表明，当培养温度超过 27℃ 或者低于 23℃ 时，不利于铁皮石斛原球茎的生长，原球茎的增殖速度明显下降。陈青青等发现 25℃ 最适合铁皮石斛的生长。鲍顺淑等的研究表明，当光强和二氧化碳浓度一定时，光照时间为 12 h/d 时，铁皮石斛组培苗表现出相对较好的生长和繁殖能力。白美发和黄敏探究了不同的光照条件对铁皮石斛幼苗生长的影响，结果显示日光灯下的铁皮石斛苗叶色较浅，虽然苗比较高但茎较细；而自然光下的铁皮石斛苗叶色浓绿，虽然苗较矮但茎较粗壮。

植物组培苗在培养瓶中长成小植株后即可进入下一步移栽。移栽前瓶苗应该置于炼苗房内或将要栽种的大棚培养 2～3 周，培养后期可适当拧松组培瓶瓶盖，让瓶苗从封闭稳定的环境向开放变化的环境缓慢过渡，逐渐适应自然生长环境，从而提高移栽成活率。所以在条件允许的情况下，组培实验室应建有炼苗室。铁皮石斛组培瓶苗达到以下标准即可进行炼苗：一是茎高 3 cm 以上、粗 0.2 cm 以上、有 3～4 个节间；二是长有 4～6 片正常开展的叶片，叶色嫩绿或葱绿；三是有 3～5 条根，根长 3 cm 以上，根皮颜色为白中带绿，无玄色根；四是幼苗无畸形、无变异。

第二章 植物组织培养基本操作

第一节　植物组织培养培养基组分与配制

植物组织培养能否成功，除了培养对象自身的因素外，培养基也在很大程度上起着决定性作用。培养基所含营养成分会直接影响培养材料的生长发育。

一、植物组培培养基的组分

1. 无机营养物

无机营养物包含两类：大量元素和微量元素。

碳 C、氢 H、氧 O、氮 N、磷 P、钾 K、硫 S、钙 Ca、氯 Cl 和镁 Mg 都是大量元素。它们是植物细胞中核酸、蛋白质、酶系统、叶绿体以及膜系统形成必不可少的元素。

氮对植物生命是不可缺少的，它是蛋白质、核酸的重要组分。在培养基中添加一定浓度的氮元素，是为胚胎发生和培养物的生长提供不可或缺的营养。目前，绝大部分培养基都提供硝态氮〔KNO_3、$Ca(NO_3)_2$ 或是两者混合〕来满足培养物对氮素的需求；有时也以硝态氮为主，补加铵态氮，如（NH_4）$_2SO_4$，以满足酸性植物的需要。但是，植物细胞只能利用铵态氮，硝态氮必须在植物体内被还原成铵态氮之后才能用于生物合成。之所以不简单地在培养基中只供给铵态氮，一是因为 NH_4^+ 浓度过高具有潜在毒性，一般而言，铵的含量超过 8 mmol/L 时即对培养物有毒害作用；二是为了更好地控制培养基的 pH 值。在通常情况下，组培培养基中硝酸盐和钾盐浓度至少需各为 25 mmol/L。但对常规的愈伤组织培养和细胞悬浮培养来说，硝态氮和氨态氮同时存在的条件下，培养基中的总氮量可提高到 60 mmol/L。

磷参与植物众多生理生化过程，其被吸进植物时是以初级和次级正磷酸阴离子形式：$H_2PO_4^-$ 和 HPO_4^{2-}，所以培养基中提供磷元素的是可溶性磷酸氢二钾（K_2HPO_4）和磷酸二氢钾（KH_2PO_4）。磷酸盐在植物体内不被还原而是保留着高度、充分氧化的正磷酸（PO_4^{3-}）。

钾是植物体内主要的阳离子，不被代谢，其主要贡献是均衡无机和有机阴离子的负电荷，维持细胞渗透势。近年来，组培培养基中钾的用量趋向于逐渐上升。

钙、氯和镁总体用量较少，浓度在 1～3 mmol/L 较适宜，主要由钙盐、硫酸盐或微量营养成分提供。

植物对微量元素需求量很少，其在培养基中的含量多为 10^{-5}～10^{-7} mol/L，稍多会对培养物产生毒害作用。铁在叶绿素的合成以及延长生长过程中起重要作用，培养基中通常以 $FeSO_4$ 与

Na_2-EDTA螯合物的形式出现。锰最有可能的作用是确立与呼吸和光合作用有关的一些金属蛋白质的结构。锌是稳定具有多样功能金属酶的一种必不可少的组分。植物的 Zn 和它的生长素含量有密切关系，合成 IAA 前提——色氨酸的酶的一个组成成分就是 Zn。

2. 碳源与能源

处于组培初期的外植体，其光合能力较低，需要在培养基中适当添加碳水化合物作为能源供其生长发育。

植物组培培养基中一般使用蔗糖、葡萄糖和果糖，其中又以蔗糖最为常用，效果也最好。糖类除了作为碳源和能源外，还能帮助维持培养基的渗透压。以蔗糖为例，大多数植物细胞对其需求范围是 1%～5%（可维持的渗透压范围在 152～415 kPa），但也有个别植物在组织培养过程中对蔗糖的浓度要求较高，可达 7%甚至 15%，如玉米、油菜等植物的花药培养。

莫昭展等研究了不同碳源对铁皮石斛原球茎增殖的影响，结果表明果糖不利于原球茎的增殖，葡萄糖对原球茎增殖的效果不如蔗糖，以蔗糖为碳源时原球茎的鲜重显著高于其他两种碳源。这和何铁光等的研究相似，何铁光等认为当培养基中碳源为蔗糖和葡萄糖时，原球茎的生长情况明显比使用果糖和乳糖要好，但蔗糖浓度过高也会对原球茎的生长起抑制作用。孟志霞等也对蔗糖、葡萄糖和乳糖对铁皮石斛幼苗的生长影响进行了研究，结果显示蔗糖和葡萄糖在浓度为 30 g/L 时都可以促进铁皮石斛组培苗的生长，且蔗糖的效果优于葡萄糖。

3. 维生素类

维生素类会参与植物体内多种酶的形成。

维生素种类很多，但在植物组织培养中主要使用 B 族维生素，其在培养基中浓度通常为 0.1～1.0 mg/L。盐酸硫胺素（维生素 B_1，全面促进植物生长）、盐酸吡哆素（维生素 B_6，促进根的生长）、烟酸（维生素 B_3）、氰钴胺（维生素 B_{12}）、生物素（维生素 H）及抗坏血酸（维生素 C，防止褐变）是最常用的维生素。肌醇（环己六醇）在多个常用培养基配方中出现，用量一般为 50～100 mg/L，它自身并不能促进外植体生长，但推测其可能有助于提高维生素 B_1 的作用，从而促进外植体生长以及形成胚状体和芽。

4. 植物生长调节物质

植物生长调节物质在培养基中用量极少，但却是不可或缺的关键物质，在愈伤组织的诱导和器官分化等方面有重要的调节作用。植物生长物质通常分为 5 类：生长素（auxin）、细胞分裂素（cytokinins）、赤霉素（gibberellins）、乙烯（ethylene）和脱落酸（abscisic acid）。其中以生长素类和细胞分裂素类最为常用。

生长素主要用于诱导形成愈伤组织、产生胚状体以及促进试管苗生根，更重要的是配合适当比例的细胞分裂素诱导产生腋芽及不定芽。常用种类有 2，4 - 二氯苯氧乙酸（2，4 -

dichlorophenoxyacetic acid，2，4-D）、萘乙酸（1-naphthylacetic acid，NAA）、吲哚乙酸（indole-3-acetic acid，IAA）、吲哚丁酸（3-indolebutyric acid，IBA），它们作用的强弱顺序为2，4-D＞NAA＞IBA＞IAA，其各自的适宜浓度：IAA 为 $10^{-5} \sim 10^{-10}$ mol/L，以 $1 \sim 10$ mg/L 最常用；2，4-D 为 $10^{-5} \sim 10^{-7}$ mol/L；NAA 的适宜浓度范围比前两者都高。在大多数情况下，单独使用 2，4-D 就可成功地诱导外植体产生愈伤组织，假若将 2，4-D 与细胞分裂素配合使用，效果会更好。值得注意的是，尽管 2，4-D 能较好地诱导细胞分裂，但其趋向于抑制植物的形态发生，故在诱导再分化时应尽量减少使用，一般多用 NAA 或 IBA 或 IAA 与一种细胞分裂素配合使用。然而，培养禾本科及某些单子叶植物时，2，4-D 却对促进其器官分化有效果。一般而言，低浓度的 2，4-D 有利于胚状体的分化，NAA 有利于单子叶植物的分化，而 IBA 有利于诱导培养物生根。

细胞分裂素主要用于促进细胞分裂和器官分化、延缓组织衰老、增强蛋白质合成、抑制顶端优势、促进侧芽生长，并且可以显著改变其他激素的作用。常用种类有：激动素（kinetin，KT）、6-苄基腺嘌呤（6-benzylaminopurine，6-BA）、玉米素（zeatin，ZT）、2-异戊烯腺嘌呤［N6-（2-isopentenyl）adenosine，2-iP］和噻重氮苯基脲（thidiazuron，TDZ）。它们作用的强弱顺序为 TDZ＞ZT＞2-iP＞6-BA＞KT。其中，KT 和 6-BA 通常为人工合成且性价比高，故而使用频率最高，二者的最适浓度为 $10^{-5} \sim 10^{-10}$ mol/L。

一般情况下，当需要抑制芽的分化促进根的分化时，可将生长素与细胞分裂素的比值调高，而若需抑制根的分化促进芽的分化时则相反。

目前铁皮石斛组织培养的过程中，基本上都会在培养基中添加植物生长调节剂。张桂芳等的研究表明在 MS 培养基中加入 6-BA 与 NAA 不利于种胚萌发，萌发度均低于单独使用 MS 培养基；2，4-D 对原球茎的生长和增殖不利，而一定浓度的 6-BA、KT 和 NAA 在一定程度上可以促进原球茎的增殖。尹明华等的研究显示一定浓度的 NAA 和 KT 可以促进铁皮石斛原球茎的增殖和分化，随着 NAA 浓度的增大，不利于分化但利于增殖，随着 KT 浓度的增大，既不利于分化也不利于增殖。蒋向辉等发现 6-BA 和 NAA 能够提高铁皮石斛幼叶的直接成苗率，高浓度的 NAA 不利于丛生芽的生长。王福喜的研究显示当 NAA 和 IBA 的浓度都为 0.4 mg/L 时，铁皮石斛的生根率达到了 90% 以上。张书萍等以铁皮石斛的茎段为外植体，比较了不同激素浓度的6-BA 对铁皮石斛壮苗生根的影响，结果表明加入了 6-BA 以后，小苗的生根率得到了明显的提高，而没有加入 6-BA 的培养基中，小苗不仅生根率低，其生根慢且生根数少。

赤霉素（GAs）等其他生长调节物质在植物组培中也有较多应用。天然的赤霉素有 100 多种，但组培中主要添加的种类为 GA₃。赤霉素对器官和胚状体的形成有抑制作用，在器官形成后，可促进器官或胚状体的生长。脱落酸（ABA）可以抑制植物生长、促进休眠。在组培中，适量的外源 ABA 可明显提高体细胞胚的数量和质量，抑制异常体细胞胚的发生。植物种质资源超低温冷冻保存时，ABA 可促使植物停止生长和形成抗寒力。多胺（polyamines，PA）可调节植物的生长发育、形态建成及抗逆性，对部分植物外植体不定根、不定芽、花芽和体细胞胚的发生发育以及延缓衰老起调控作用，还可以促进原生质体分裂及细胞形成等。多效唑（PP$_{333}$）可控制植物生长、促进分蘖和生根，可促使试管苗壮苗、生根，提高抗逆性及移栽成活率。油菜素内酯作用机理与生长素相似，能显著促进植物伸长生长，其作用浓度要比生长素低好几个数量级，且其与生长素有正协同作用。

5. 有机附加物

组培培养基中的有机氮源主要来源于氨基酸，如甘氨酸（Gly）、丝氨酸（Ser）、酪氨酸（Tyr）、谷氨酰胺（Gln）、天冬酰胺（Asn）等。其中甘氨酸（2～3 mg/L）能促进离体根的生长，对植物组织培养物的生长也有良好的促进效果；丝氨酸和谷氨酰胺有利于花药胚状体或不定芽的分化；水解酪蛋白和水解乳蛋白是多种氨基酸的混合物，可促进胚状体、不定芽和多胚的分化，通常用量为 500 mg/L；酪氨酸则可不同程度地替代这两类物质的作用。

天然有机物也可用于植物组织培养以提供一些必要的微量营养成分、生理活性物质和生长激素等。例如，质量分数 10% 或 100～150 mL/L 椰子汁（椰乳）、0.5% 酵母提取物、5%～10% 番茄汁、100～200 mg/L 香蕉泥等。但由于这些天然有机物成分复杂且不确定，可重复性较差，因而在培养基的配制中更多人仍倾向于选用已知的合成有机物（蛋白胨、酵母提取物、水解酪蛋白等）。

目前铁皮石斛组织培养和快速繁殖过程中常见的有机附加物有苹果提取液、马铃薯提取液、香蕉提取液、椰汁等，这些天然有机附加物富含氨基酸、激素、酶和其他有机物，营养丰富，可以为铁皮石斛的生长提供一些生理活性物质，促进铁皮石斛的发育和生长。张桂芳等的研究显示，马铃薯提取液、椰汁、苹果提取液都能不同程度地促进铁皮石斛原球茎的增殖，且椰汁的效果最好，但香蕉提取液不利于原球茎的增殖。周俊辉等的研究也表明，各种不同的天然添加物对铁皮石斛原球茎的增殖影响很大，椰汁的效果最好，马铃薯提取液和香蕉提取液次之。郭洪波等的研究发现，在培养基中添加 20% 的香蕉提取液能够显著促进铁皮石斛丛生芽的增殖和壮苗。在铁皮石斛组培苗的壮苗生根阶段，刘骅和张治国的研究认为，在培养基中添加 10% 的香蕉提取液最为合适。而周江明的研究认为，白萝卜提取液和椰汁对铁皮石斛组培苗的壮苗效果更好。此外，何松林等的研究表明蛋白胨对文心兰（*Oncidium hybridum*）原球茎的增殖和分化有着较好的促进作用。刘明志和朱京育的研究结果显示，酵母提取物对大花蕙兰（*Cymbidium hybrid*）原球茎的生长有一定的促进作用。

二、几种常用培养基的特点及应用

MS 培养基（Murashige & Skoog，1962）最早用于培养烟草材料，目前在植物组培中应用极为广泛。从其配方看，该培养基的特点是无机盐浓度高，铵盐和硝酸盐含量高且比例适合，不需要额外添加更多的有机物，有利于加速愈伤组织的生长，可满足植物组织对矿质营养的要求。LS培养基及RM培养基的基本成分均与MS培养基相同。不同的是，前者去掉了甘氨酸、盐酸吡哆素和烟酸；后者把硝酸铵的含量提高到了4 950 mg/L，把磷酸二氢钾提高到了510 mg/L。

改良怀特培养基是在设计于1943年的怀特培养基基础上做了改进，特点是无机盐浓度较低。现在广泛地应用于生根培养、胚胎培养和一般组织培养。

B5培养基由Gamborg为培养大豆组织而设计。特点是铵盐浓度较低，铵盐可能对不少培养物的生长有抑制作用，但却更适合于双子叶植物特别是木本植物的生长。SH培养基与B5相似，其配方中没有使用$(NH_4)_2SO_4$而改用$NH_4H_2PO_4$，在不少单子叶和双子叶植物上使用，效果都很好。

N_6培养基（北京植物研究所，黑龙江农业科学院，1974）由朱至清等学者为水稻等禾谷类作物的花药培养而设计。特点为KNO_3和$(NH_4)_2SO_4$含量高且配方中不含钼。目前在小麦、水稻及其他植物的花药、细胞和原生质体培养都有广泛应用。

VW培养基的特点是总离子强度稍低，磷以磷酸钙形式供给，所以配制培养基时要先用1 mol/L的HCl溶解后再加入混合溶液中。适合于气生兰的组培。

铁皮石斛不同培养阶段所需要的基础培养基是不同的，选择合适的基础培养基是组织培养中关键的一步。目前铁皮石斛组织培养和快速繁殖技术中常用的基础培养基有：MS、1/2 MS、B5、N_6、$1/2N_6$、KS、改良的MS、改良的1/2 MS等。选择的外植体不同，所需要的基础培养基也有所差异。当以种子作为外植体材料时，曾宋君和程式君的研究发现N_6培养基为最适合种胚萌发和生长的培养基，而当外植体为茎尖时，研究结果表明最适合其生长的不是N_6培养基而是MS培养基。在对铁皮石斛原球茎增殖分化影响的研究中，张治国和刘骅的实验结果显示，1/2 MS培养基是最适合的培养基，这和鲍鹏飞等的研究结果是一致的。周俊辉等的研究结果显示，不同的基础培养基（B5、N_6、MS和KC）对铁皮石斛芽的诱导和增殖所产生的影响不同，其中以B5培养基的效果最佳。朱艳和秦民坚筛选出了1/2 MS培养基为最适合铁皮石斛茎段诱导丛生芽的培养基。而在铁皮石斛壮苗生根的培养过程中，刘骅和张治国的研究表明B5和1/2 MS培养基是最适合铁皮石斛壮苗培养的培养基，而李璐等的研究认为1/2 MS培养基有利于铁皮石斛的生根培养。

三、培养基的配制

严格来讲，用于配制培养基的水最好是去离子水，过去主要通过玻璃容器蒸馏获取去矿质离子的蒸馏水，现在主要使用纯水仪过滤获得。所用的各种化学药品应尽可能采用分析纯或化学纯级别的试剂，以免杂质对培养物造成不利影响。蛋白质水解物尽量选择酶解产物，这样有利于氨基酸在自然状态中的保存。

药品的称量及定容都要准确，每称取一种药品都要及时记录称量情况（包括药品名称、称取重量等），称取时应避免药品的交叉污染与混杂。

配制培养基时可以预先配制好不同组分的培养基母液，一般配成培养基配方使用浓度的 10 倍或 100 倍，微量元素甚至可以达到 1 000 倍。这样每种药品称量一次，却可使用多次，还可以一定程度上减少多次称量带来的误差。在配制母液时通常把几种药品配在同一母液中，可以通过调整化合物的组合以及加入的先后顺序，避免药品间发生反应和产生沉淀。最好把每种试剂单独溶解后再与其他已完全溶解的药品混合，或者在前一种化合物完全溶解的基础上再加入后一种化合物。溶解各种矿质盐时力求将 Ca^{2+} 与 SO_4^{2-} 和 PO_4^{3-} 错开，以免形成硫酸钙或磷酸钙等不溶物。铁盐宜单独配制，大部分培养基配方中都是将 5.57 g 硫酸亚铁 $FeSO_4 \cdot 7H_2O$ 和 7.45 g 乙二胺四乙酸二钠 Na_2-EDTA 溶于 1 L 水中，用时每配制 1 L 培养基取该母液 5 mL。植物生长调节物质配制成母液时，通常以 mg/mL^{-1}（ppm）为单位，一般宜配制成浓度为 0.5 mg/mL 的母液，这样既便于计算也可避免冷藏时因浓度过高形成结晶。椰子汁的活性成分较为耐热，将乳汁从椰子中倒出后可通过煮沸过滤去除蛋白质，高压消毒后贮于 −20℃ 冰箱中备用。此外，为省时省力，假若需经常配制较多种类的培养基时，可考虑配制单一化合物母液，这样会更方便快捷。

配制好的各种母液应注明母液名称、配制倍数、配制日期及配 1 L 培养基时应吸取的体积。母液最好置于 2～4℃ 冰箱中保存，且贮存时间不宜过长，尤其是生长调节物质与有机类物质保存要求较严。如发现母液出现变色或母液中有霉菌或产生沉淀结晶，就不能再使用。

配制培养基时，第一步先融化琼脂，同时按照母液顺序（通常为大量元素、微量元素、铁盐、有机物质），根据母液配制倍数量取规定用量。然后一并倒入已溶化的琼脂中，加入蔗糖后定容至所需体积，并根据培养基配方加入所需要的生长调节物质。

由于培养基的 pH 值可以直接影响培养物对营养物质的吸收，还会影响琼脂凝固。所以，培养基配制好后应立即进行 pH 值的调整。用酸度计测试结果既快又准，如无条件也可用精密 pH 试纸代替，但最好用两种以上的试纸同时测定，以确保测试值的准确性。培养基若偏酸时用 1 mol/L 的 NaOH 来调节，偏碱则可用 1 mol/L 的 HCl 来调节。周根余和谢薇研究了 pH 值对铁皮石斛原球茎增殖的影响，结果表明，当培养基 pH 为 5.0 时，原球茎生长最快，pH 4.5 和 pH 6.4 时的生长速度最慢且当 pH 6.4 时，原球茎出现了褐化和死亡。陈青青等的研究显示 pH 值还会显著影响铁皮石斛幼苗的鲜重和生根率，以 pH 5.4 为佳。

配制好的培养基应该趁热分装。培养基配制量较少时可采用烧杯漏斗直接分注；工厂化生产中培养基配制量大，培养基的配制与分装可在分装机上一步完成，在整个过程中可以对培养基进行持续加热，避免培养基出现凝固，还可以定量分装培养基。培养基在培养瓶中的体积一般以占容器的 1/4～1/3 为宜。培养基过多既浪费又缩小了培养物的生长空间；培养基太少会因营养不良影响生长，还会导致继代次数过于频繁。

　　未经灭菌处理的培养基可能带有各种微生物，同时还能为微生物的生长繁殖提供充足营养，因此培养基分装后应立即进行灭菌。若不能及时灭菌，最好放入冰箱或冰柜中，确保在 24 h 内完成灭菌工作。培养基的灭菌条件一般为：121℃保持 15 min 或 20 min。培养基灭菌时间不宜过长，否则，其中的一些组分如碳水化合物、有机物质，特别是维生素类物质就会分解，培养基会变质、变色，甚至难以凝固。当灭菌完成后，应在灭菌锅内气压接近"0"时，才可取出培养基。切忌因为急于取出培养基而过早打开放气阀放气，锅内气压下降太快会引起减压沸腾，导致灭菌锅内培养瓶中的培养基溢出，从而造成浪费或污染，甚至烫伤工作人员。

　　部分生物活性物质如吲哚乙酸、玉米素及某些维生素等遇热不稳定，故不能进行高压蒸汽灭菌，一般通过过滤达到灭菌的目的。过滤灭菌必须在超净工作台上进行，且所有相关器皿事先均应高压蒸汽灭菌。灭菌后的琼脂培养基温度下降至 40～50℃（感觉不烫手）时，可把经过过滤灭菌的溶液加入培养瓶中并混合均匀。

　　高压灭菌后的培养基凝固后，不应立即用于植物材料的培养；宜将培养基放到培养室中预培养 2～3 d，确认没有杂菌污染才可放心使用。暂时不用的培养基应保存于 10℃以下，含有生长调节物质的培养基在 4～5℃低温下保存更佳。含吲哚乙酸或赤霉素的培养基应在灭菌后一周内用完，其他培养基应该在两周内用完，至多不超过一个月。

第二节　外植体的选择与表面消毒

　　由植物组织培养的概念可知，无菌操作是其重要的技术基础。因此，在进行植物组织培养时，植物外植体的选择及适当的灭菌操作，是确保组织培养工作顺利进行的前提。

一、外植体的选择

　　迄今为止，组织培养获得成功的植物，其外植体几乎囊括了植物体的各个部位，如茎尖、茎段、皮层及维管组织、髓细胞、表皮、块茎的贮藏薄壁细胞、花瓣、根、叶、子叶、鳞茎、胚珠和花药等。大量研究表明，不同种类的植物以及同一植物的不同器官对诱导条件反应存在较大差异，有的部位诱导分化率高，但有的部位却很难脱分化，或者脱分化后再分化频率很低。对大多数植物来讲，茎尖是较好的部位，其形态建成已基本完成，生长速度快，遗传性稳定，同时还是获取无病毒苗的重要途径。但茎尖的材料来源往往受到限制，采用茎段可解决培养材料获取不足的问题。由于植物的叶片相对较多，其来源最有保证，因而许多植物的组织培养以叶片为起始培养物（外植体），如玫瑰、矮牵牛和豆瓣绿等。对一些培养较困难的植物，最好对其各部位的诱导及分化能力进行比较，例如子叶或下胚轴等，从中筛选出最佳外植体。

除取材部位外，取材季节也是影响组培成功与否的重要因素之一。对大多数植物而言，在其生长开始至旺盛期采样，外植体不仅成活率高而且增殖率也大。但如若在母体植株生长末期或休眠期取样，则外植体可能对诱导反应迟钝甚至无反应。

外植体的生理状态和发育年龄会直接影响其形态发生。一般认为，沿植物的主轴，越向基部的部分形成器官的生长时间越长，其生理年龄也相应越小。反之，越向上，其生理年龄越老，越容易形成花器官。总体而言，幼年组织相较老年组织具有更高的形态发生能力。

外植体的大小同样会影响组培的效果。许多植物的茎尖培养表明，外植体（茎尖）越小成活率越低。外植体并非越大越好，外植体过大易造成污染。因此除非用于脱毒，否则不宜将外植体切得过小。此外，外植体的大小与褐变及玻璃化也有关。一般叶片、花瓣等植物材料的面积约为 5 mm^2，茎段约长 0.5 cm。

铁皮石斛种子、根尖、茎段、茎尖、叶片等都是目前用于研究铁皮石斛组织培养和快速繁殖技术的主要外植体。其中以种子和茎段进行离体培养的比较多。谢启鑫等、郑宽瑜等、曾宋君和程式君都曾以铁皮石斛种子作为外植体诱导原球茎进行快速繁殖技术的研究。温明霞等研究发现由种子诱导的愈伤组织分化能力较强，由种胚诱导的原球茎质量也较高。秦延豪、李进进、陈媛和谢吉容以铁皮石斛的茎段作为外植体直接诱导产生丛生芽，而张启香等、王丽萍和梁淑云以茎段和茎尖直接诱导原球茎，再通过原球茎的增殖和分化获得铁皮石斛苗。蒋向辉等以铁皮石斛幼叶为外植体，探究了诱导不定芽的最适培养基，王云等则研究了铁皮石斛嫩叶诱导愈伤组织的最适培养基。

二、外植体表面消毒

在植物组织培养中，对待培养的植物材料进行消毒处理是重要环节之一。

为确保植物材料彻底消毒，一般先用流水冲洗 10 min 以上，对于表面不光滑或长有绒毛等难以洗净的材料，甚至要冲洗 1～2 h，并且用清洁剂进行洗涤。必要时可用毛刷充分刷洗。清洗后的植物材料应用滤纸吸干水分，然后浸泡于消毒剂中，时间长短、浓度高低取决于植物材料的种类。

植物组织培养中常用的消毒剂有以下几种：

升汞（$HgCl_2$）是一种极有效的杀菌剂，有剧毒，杀菌原理是重金属 Hg^{2+} 可与带负电荷的蛋白质结合，使菌体蛋白变性，酶失活。其使用浓度为 0.1%～1%，消毒时间为 2～12 min，对附着在外植体表面的细菌及真菌芽孢杀灭效果极好。但因为升汞极易残留在外植体表面，所以消毒后的材料要用无菌水反复多次冲洗，不得少于5次，否则会对待培养的外植体产生毒害作用。

次氯酸钠（NaClO），可配制成有效氯浓度为2%～10%的溶液，消毒时只需将材料浸泡其中5～30 min，再用无菌水冲洗4～5次即可。由于它可分解出具杀菌作用的氯气，消毒处理后易于除去，无残留，既有强杀菌力，又对植物无害，是组培中常选用的消毒剂之一。

漂白粉是一种常用的低毒有效的消毒剂，一般含10%～20%（重量/体积）的$Ca(ClO)_2$，使用浓度一般为5%～10%或其饱和溶液。但是它易吸潮散失有效氯而失效，故要密封贮藏，但不能贮藏太久，应随配随用。

70%～75%酒精具有浸润和灭菌的双重作用，穿透力和杀菌力较强，常作为表面消毒的第一步，外植体浸入15～30 s即可。但它灭菌效果不彻底，必须结合其他药剂使用，可在其溶液中加入0.1%的酸或碱，通过H^+和OH^-来改变细胞膜带电荷的性质从而增加膜透性，提高酒精的杀菌效果。

6%～12%的双氧水溶液常用于叶片的表面消毒，灭菌效果也相当好，并且该药剂在外植体表面极易去除，还不会损伤外植体。

在用上述药剂进行接种材料的消毒处理时，为了使消毒剂湿润整个组织，还需在药液中加入适量的表面活性剂，如数滴直至0.1%的吐温80（Tween 80）或吐温20。有时还可以用磁力搅拌、超声振动等方法使杀菌剂达到外植体表面，灭菌彻底。植物外植体表面消毒宜结合两种以上消毒剂；选择消毒剂时，除考虑杀菌效果和残留物的清除难易程度外，还要适当注意消毒剂对植物体的生理影响。消毒的步骤最好进行预实验，取效果好、毒害小的一种。

第三节　组培过程中的问题及解决方法

植物组织培养过程中，褐化、玻璃化以及污染是最为常见也比较难解决的3大问题。

一、褐化

外植体一旦出现褐变，就会产生致死性的褐化物，严重影响外植体的脱分化和器官分化。许多植物特别是木本植物体内含有较多的酚类化合物。在完整的植物细胞中，酚类化合物与多酚氧化酶是分隔存在的。然而，切割外植体后，伤口附近细胞中的分隔效应被打破，酚类化合物在多酚氧化酶的作用下氧化成为褐色的醌类物质和水。然后，褐色的醌类物质又会在酪氨酸酶等酶的作用下，使外植体的蛋白质发生聚合，生长停滞，最终死亡。

木本植物体内单宁或色素含量较高，而酚类的糖苷化合物是木质素、单宁和色素的合成前体，所以木本植物相较于草本植物易褐变。一般来说，组织木质化程度越高，褐变越严重。植物体中致褐物质的含量因季节而异，冬春季褐变少，夏秋季褐变多，接种后存活率也相应较低。外植体分化和受伤程度都会影响褐变，一般分生部位接种后形成的醌类物质少，伤口越小越整齐，褐变程度也越轻。光照会诱导酚类化合物氧化过程中部分酶的活性，高温也能促进组培中酚的氧化，所以应该尽量在弱光照和相对较低温度下进行取材和培养。在初代培养时，无机盐浓度过高以及添加6-苄氨基腺嘌呤（6-BA）或激动素（KT），都会促进酚类化合物大量合成，增加褐变。材料培养时间过长，会导致褐变物的积累，可通过缩短转瓶周期减轻褐变。

对于易褐变的材料进行预处理可以减轻醌类物质对培养物的毒害作用，如外植体经流水清洗后，置于5℃低温处理12～24 h，简单消毒后培于只含蔗糖的琼脂培养基中，使组织中的酚类物质先部分渗入到培养基中，5～7 d后取出进行表面消毒，再接种到合适的培养基中，外植体褐变可得到控制。

在组织培养中也可以通过在培养基中加入抗氧化剂或用抗氧化剂进行材料（外植体）的预处理达到减轻醌类物质毒害的目的。抗氧化剂在静止的液体培养基中抑制褐变的效果要比在固体培养基中更显著。常用的抗氧化剂包括：维生素C、聚乙烯砒咯烷酮（polyvinyl pyrolidone，PVP）、血清白蛋白（人血白蛋白）、柠檬酸、硫代硫酸钠（$Na_2S_2O_3$）等。其中，偏二亚硫酸钠、亚硫酸盐、硫脲等物质可以直接抑制酶的活性，它们与反应中间体直接作用，阻止中间体参与反应形成褐色色素，或者作为还原剂促进醌向酚的转变，同时还通过同羧基中间体反应，从而抑制非酶促褐变。柠檬酸、苹果酸和α-酮戊二酸均能显著增强某些还原剂对多酚氧化酶活性的抑制作用，从而防止褐变发生。活性炭和聚乙烯吡咯烷酮是吸附剂，可以吸附外植体周围的有毒物质，活性炭还可一定程度地降低光照强度，减弱酶活性，减轻褐变。

二、玻璃化

1981年，Debergh等明确提出试管植物"玻璃化"。玻璃苗的叶、嫩梢呈水晶透明或半透明，叶表皮缺少角质层蜡质，没有功能性气孔，不具有栅栏组织，仅有海绵组织；体内含水量高，植株矮小肿胀，干物质、叶绿素、蛋白质、纤维素和木质素含量低；吸收养料与进行光合作用的器官功能不全，分化能力大为降低，因而很难作为扩繁材料继续使用，且生根困难，自身也很难移栽成活。

有关玻璃化发生的成因及其生理机制的研究不少，但是到目前为止尚未得出一致的结论，主要归结为这几个因素：（1）培养基渗透势不当，玻璃苗的发生可能是植物对培养基内水分状态不适应的一种生理状态；（2）植物激素应用不当，研究表明，培养基中BA、GA₃和IAA浓度和培养温度与玻璃化成正相关；（3）培养瓶内气体与外界交换不畅；四是培养基中含氮量过高，特别是铵态氮过多。此外，外植体的部位、大小也与玻璃化有关。

适当加入渗透剂或增加琼脂浓度以降低培养基的渗透势，减少植物材料可获得的水分，造成水分斜坡，可降低玻璃化。适当降低培养基中的细胞分裂素和赤霉素的浓度；适当增加培养基中 Ca、Mg、Mn、K、P、Fe、Cu、Zn 元素含量，降低 N 和 Cl 元素比例；增加自然光照；控制温度（热激或低温处理）；改善培养器皿的气体交换状况，都有利于防治玻璃化。也可以在培养基中添加其他物质，如间苯三酚、根皮苷、0.3%的活性炭或其他添加物，可有效地减轻或防止试管苗玻璃化。

三、污染

植物组织物发生污染主要因为外植体带菌，培养基及器皿灭菌不彻底或操作人员不遵守操作规程。

污染物有两类，即细菌和真菌。细菌污染的特点是菌斑呈黏液状物，而且在接种后很短时间内约 1～2 d 即可发现。材料带菌、培养基灭菌不彻底以及操作不慎都是造成细菌污染的重要原因。真菌污染的特点是污染部分长有不同颜色的霉菌，一般在接种 3 d 甚至 10 d 后才可发现。造成真菌污染多是因为周围环境不清洁，超净工作台的过滤装置失效，培养用器皿的口径过大等。

为有效防止污染，应尽量在晴天的下午取材，因为日晒可杀死材料上的部分细菌和真菌。对枝条进行预培养（光培养或暗培养），即将枝条用水冲洗干净后插入无糖的营养液或自来水中，以新抽嫩枝条或黄化枝条作为外植体，可减少材料带来的污染。

外植体灭菌时除了使用常用的灭菌药剂外，也可结合抗生素甚至杀菌剂使用，如苯菌灵、多菌灵、链霉素、氨苄青霉素、氯霉素等。植物组织培养使用抗生素一般用在外植体建立初期。由于抗生素往往影响植物繁殖体的生长，产生变异，因此在微生物污染不超过 10%的情况下，都不主张使用抗生素。在生根阶段培养基添加抗生素，会导致植物变异，但当抗生素作用消除或彻底解除后，变异个体多数都会恢复正常。

对于细菌污染，可以避开细菌菌落，进行细致地转瓶，也可加点头孢霉素（100～250 mg/L），注意头孢对愈伤有一定抑制作用，也可加氨苄青霉素，浓度相同。

第三章　铁皮石斛药食价值与产业发展状况

铁皮石斛（*Dendrobium officinale* Kimura et Migo），别名黑节草，是我国特有的兰科（Orchidaceae）石斛属（*Dendrobium*）珍稀植物，主要分布在云南（石屏、文山、麻栗坡、西畴）、广西（天峨）、贵州、广东、湖南、江西、福建（宁化）、浙江（鄞县（现为鄞州区）、天台、仙居）及安徽（大别山）等南方省份的山区。由于极高的药用价值和广泛的应用，铁皮石斛的滥采滥挖现象极其严重，其野生资源已近乎枯竭，现作为国家Ⅰ级保护植物收录于《中国珍稀濒危植物名录》（http：//www. iplant. cn）。

第一节　铁皮石斛的药食价值

独特的生境造就了铁皮石斛药材的非凡品质，早在《神农本草经》中铁皮石斛药材就被列为上品。铁皮石斛加工品一般为铁皮石斛的干燥茎，俗称铁皮枫斗，为《中华人民共和国药典》（2015 版）的收载种。道家医学经典《道藏》将铁皮石斛与天山雪莲、三两重人参、百二十年首乌、花甲之茯苓、深山野灵芝、海底珍珠、冬虫夏草、苁蓉并称为中华九大仙草，民间称之为"救命仙草"，又因本品稀少濒危、市价昂贵，有"植物软黄金"之称。

铁皮石斛是传统名贵中药材，通常以干品（如枫斗、饮片）的形式入药，而其新鲜茎（即鲜条）也可直接食用，或榨汁、炖汤、浸酒，具有养阴生津、润喉护嗓、护肝利胆、养胃护肠、降糖明目、调节内分泌、抗癌防老等杰出功效。

一、铁皮石斛的化学成分和药理研究

金钗石斛（*D. nobile*）很早就被分离鉴定出含有半萜类生物碱，随后菲醌类、联苄类和倍半萜苷类化合物也被分离出来。近年来，对铁皮石斛化学成分的分析和研究表明，除去石斛多糖和生物碱以外，还包括氨基酸、菲类、联苄类、烷烃类、微量元素等几十种化学成分，为以铁皮石斛为原材料的产品开发提供了大量的实验数据基础。

铁皮石斛的主要药用成分是石斛多糖，目前判别铁皮石斛质量好坏的主要标准就是石斛多糖含量的高低，《中华人民共和国药典》规定的多糖含量为≥25%。黎万奎等比较发现人工栽培和野生铁皮石斛所加工出来的铁皮枫斗所含多糖是相近的。李彩霞和竹剑平对不同采收期铁皮石斛的多糖含量进行了测定，结果显示冬季采收的铁皮石斛多糖含量相对较高，且铁皮石斛中生物碱的含量低于金钗石斛。然而，陈晓梅等的研究表明，就铁皮石斛所含的特有生物碱成分而言，其质量要高于金钗石斛。诸燕研究了铁皮石斛药材中生物碱含量的变化规律，结果显示铁皮石斛生物碱的含量随着生长年限的增加而增加，生物碱含量可以作为鉴别铁皮石斛真伪的依据。霍昕等对铁皮石斛花中的挥发性气体进行了研究，结果表明具有强烈油脂和甜橙气味的壬醛是其中含量最高的挥发性成分，可以用来调制食品调料和香水。

现代医学研究表明，铁皮石斛中的多种化学成分都有抗癌、降糖、提高免疫力等作用。铁皮石斛的甲醇提取物对 HCT-116 结肠癌细胞的生长具有抑制作用。它引起染色质凝结和凋亡小体。此外，铁皮石斛可在注射 26-M3.1 结肠癌细胞的小鼠身上发挥抗肿瘤和抗转移活性。小白鼠经治疗后观察到两个变化：（1）循环系统中白细胞介素、干扰素和肿瘤坏死因子的浓度减少；（2）铁皮石斛水提物处理小鼠肺部，Bax、TIMPs mRNA 和蛋白表达上调，Bcl-2 和金属蛋白酶表达下调。

铁皮石斛茎中的葡甘露聚糖及其两个衍生组分（DOPA-1 和 DOPA-2）对脾细胞和 RAW 264.7 巨噬细胞具有刺激作用，对巨噬细胞抗过氧化氢氧化损伤具有保护作用。铁皮石斛多糖及其两个亚分式多糖，以 1，4 连接的酰基-d-甘露糖吡喃酰基和酰基为骨架，表现出对小鼠 RAW264.7 巨噬细胞和淋巴细胞的增殖作用。经多糖处理后，RAW264.7 巨噬细胞分泌的 TNF-卵泡苷及其吞噬活性上调。铁皮石斛茎中具有免疫调节活性的葡甘露聚糖不仅增强了 Peyer 斑块和肠系膜淋巴结产生的细胞因子，还上调了固有层分泌的免疫球蛋白 A。

铁皮石斛提取物通过上调胰岛素分泌、糖原合成、降低胰高血糖素分泌和糖原分解，降低肾上腺素诱导的高血糖小鼠和链脲菌素诱导的糖尿病大鼠的血糖浓度。另外，用铁皮石斛全株提取物（每天 1 g/kg）喂食链脲佐菌素诱导的糖尿病大鼠 5 周后，其血清中谷胱甘肽过氧化物酶浓度升高；尿素氮、肌酐、总甘油三酯和总胆固醇的浓度降低；视网膜电图 a 波、b 波和 OPs 振幅升高；高血糖引起的重要器官病变减弱。然而，血糖水平和体重未受影响，所以推测铁皮石斛可预防链脲佐菌素引起的糖尿病并发症。

铁皮石斛茎中的铁皮石斛素 T、U 和联苄可增强神经突的生长。铁皮石斛干燥茎的水提物中提取的多糖具有强大的清除 DPPH 自由基和羟基自由基的活性。铁皮石斛粗提物可以增加 jogren 综合征患者唇腺水通道蛋白 aquaporin-5 的表达，从而刺激唾液分泌，减轻口干症。铁皮石斛多糖激活 M3 muscarinic 受体，触发胞外钙的进入，刺激水通道蛋白 aquaporin-5 向人下颌腺上皮细胞的顶膜迁移；同时，下调干燥综合征患者及动物模型的颌下腺炎症细胞因子，抑制淋巴细胞浸润和凋亡，重新平衡 aquaporin-5 水平，从而增强唾液的分泌。

铁皮石斛茎的提取物能减轻小鼠的阴虚症状，包括颧骨发红和烦躁，并能产生肝保护作用，从而对抗甲状腺亢进带来的损害。提取物可降低耳部和面部微循环的血流量，降低面部温度和心率，降低血清中天冬氨酸和丙氨酸氨基转移酶的活性和三碘甲状腺激素的浓度，但提高了血清促甲状腺激素的浓度。

二、铁皮石斛的食疗作用与临床应用研究

目前市售的铁皮石斛产品有3种形态：（1）铁皮石斛鲜品包括茎、花等直接销售；（2）铁皮枫斗，即由茎制成的干品；（3）铁皮石斛为原料的深加工产品，包括颗粒剂、胶囊、口服液、含片、复方制剂等药品和保健品。新鲜的铁皮石斛食用方法较多：可以直接口嚼，具有养阴生津、养胃护肠的作用；可以加水榨汁，连渣饮用；可作为保健茶长期饮用，铁皮石斛益肾健脾，药性比较平和，长期适量食用也无毒副作用；可以入膳食，与鸡鸭肉等炖煮食用；铁皮石斛还可单独或与其他滋补药材一起制成药酒饮用。

铁皮石斛的临床应用也十分普遍。铁皮枫斗制剂可以改善肺癌患者的症状，在对气阴两虚症的治疗上也有明显的疗效。吴人照等的研究表明铁皮枫斗无论是做成颗粒还是胶囊都可以显著改善气阴两虚症高血压病。石斛和麦冬等，石斛和玄参等，石斛和沙参等组成的各种复方药剂，在临床上也具有广泛的应用。

近年来，由于"铁皮枫斗"保健品开发，市场对珍稀铁皮石斛的需求愈来愈大，野生铁皮石斛遭大量毁灭性采挖，资源日趋匮乏，部分居群已处于极度濒危状态，保护铁皮石斛野生资源已成燃眉之急。由于野生资源及野生生境遭到了毁灭性的破坏，在保护野生生境开展就地保护的同时，迁地保护也被广泛应用于铁皮石斛的保护。

另外铁皮石斛的组织培养技术及集约化人工栽培技术应运而生，许多企业纷纷开展了铁皮石斛不同规模的集约化生产。通过组织培养技术，对铁皮石斛进行集约化人工栽培，是保护和利用铁皮石斛资源的必要途径。

第二节　铁皮石斛产业发展状况

铁皮石斛产业从无到有经历了大约30年的时间，最近10年的产业发展尤其迅速。组织培养处于铁皮石斛产业链的上游，近年来也研究最多。铁皮石斛组织培养技术的研究主要有：无菌播种，原球茎诱导、增殖及分化、壮苗生根，外植体诱导器官和原球茎发生，细胞培养，离体开花，人工种子与种质资源保存，四倍体诱导等。为了解决铁皮石斛资源匮乏的问题，常用的组织培养方法有两大类，即通过原球茎培育组培苗，以及通过丛生芽的增殖扩大组培苗的产量。这两种铁皮石斛组培苗的培养方法都具有以下优点：繁殖系数高，周期短，速度快，经济效益高，繁殖材料用量少，占用空间少，不受季节限制，便于工厂化育苗等，所以当前铁皮石

斛组织培养的研究大都偏重于原球茎的诱导、增殖，丛生芽的诱导、分化、增殖，壮苗生根培养等方面。

目前铁皮石斛组织培养技术逐渐成熟，产业化规模较大，但仍存许多问题，例如石斛试管苗的培养时间比较长，培养基配方繁多，实际应用却不尽如人意，繁殖系数低，增殖困难，继代生长周期长，还没有建立经济效率高、成本低的标准化生产体系等，是以仍需要增强研究石斛离体培养繁殖技术，探索组织培养中快速繁殖种苗的方法，以满足目前市场对石斛的大量需求。

传统的铁皮石斛栽培地区有浙江和云南两地，现在已经扩展到广东、广西、江苏、安徽、福建、贵州等十多个省区市。大部分种植基地的经营模式是公司、农业合作组织及农户三方配合的方式，基地主要是农户栽培和管理，公司则承担着种苗与成品的生产和销售责任。可以说农户的增收与铁皮石斛产业的发展有着密不可分的关系。浙江是铁皮石斛主要的销售市场，当然，国际化大都市北京、上海等也是比较重要的销售市场。从销售形式看，铁皮石斛鲜品和铁皮枫斗依然是市场上主要的销售品，但鲜品存在可放置时间短的问题，铁皮枫斗的价格又过高，且存在有效成分溶出少的问题，因此发展铁皮石斛深加工产业，提高铁皮石斛的利用率，开发更多铁皮石斛保健品和药品对于扩展消费市场是十分必要的。铁皮石斛原材料的人工培育、对原材料的加工、市场销售是铁皮石斛产业链的三个基本组成成分。

铁皮石斛产业属于高科技支撑的产业，不论是铁皮石斛原材料的人工栽培还是铁皮石斛原材料的深加工，都和生物科技息息相关。铁皮石斛产业同时也是高投入高风险的产业，这一特点决定了铁皮石斛生产并非普通农民所能独立完成的，不仅需要大量的钱财投资，更需要大量的先进生物技术尤其是组织培养技术的支持。从铁皮石斛产业发展现状来看，其开发的空间还很大，尤其是在铁皮石斛保健品和药品的开发上还存在很大的发展空间。我国有上亿的呼吸道疾病患者，有超过四千万的糖尿病患者，有3亿多烟民，有超过1 000多万的教师，铁皮石斛是这些人群保健、防病、治病的良药，是目前性价比最高的保健品之一，其适宜人群广泛，有病治病，无病养生，"久服，厚肠胃、轻身、延年"。就国内而言，销售市场必将由浙江、上海、广东等沿海发达城市向全国辐射，铁皮石斛成为百亿级产业指日可待，如果能出亚洲进欧美，铁皮石斛将完全可能成为千亿级的产业。

当今社会，体力不足、容易感冒、头痛头晕、夜寐不安、心情烦躁、腰酸背痛等阴虚体质、亚健康的人群越来越多，而阴虚体质和现在的社会环境包括生活规律都有着密切的关系。首先是人们的各种不良饮食习惯，高油、高热量的东西吃得过多，烟酒过度，喜欢吃辛辣食品，结果就是内热伤阴，甚至出现"三高"等慢性病。其次，不规律的生活节奏，熬夜加班与疯狂玩乐并行，工作和生活上的压力骤增，精神上存在很多困扰，情绪又难以得到宣泄，七情容易化火伤阴。再次，环境污染日趋严重，雾霾天气遍及大江南北，肺癌成为死亡率攀升最快的恶性肿瘤病。清肺养阴，保护"娇脏"，不容忽视。最后是疾病谱的变化，恶性肿瘤、脑血管、心脏病、内分泌失调、营养和代谢疾病的发病率和死亡率都迅速上升，慢性病患者人数激增，而久病伤阴，客观上也表明阴虚体质人群在不断增加。铁皮石斛作为滋阴效果极佳的中药，同时具有保健和治疗的双重作用，未来必将成为保健品行业发展的新支点。

第四章　铁皮石斛种质保存

种质资源，以物种为单位，具有遗传多样性，对人类具有直接或潜在的利用价值。植物种质资源是研究物种进化的基础，随着生态环境的破坏，很多珍贵物种已濒临绝种。因此，如何进行种质资源的有效保护，已是全世界关注的焦点问题。

第一节　植物种质保存

自 1975 年有关植物种质离体保存的策略提出之后，该技术被广泛应用于多种植物的种质保存研究，包括种子保存、植物体保存、种间繁殖体保存等。常见的种质资源的保存方法有常温保存、低温保存及超低温保存。

植物种质的常温保存是指常温下将植物细胞或组织进行继代培养。通常是在培养基中添加生长抑制类激素，如 ABA、PP_{333} 等，或通过增加糖、山梨醇等物质的含量调节细胞渗透压，也可通过降低培养基中的营养物质含量，延缓培养物的生长，使其生长速率减小到最低，但不死亡，进而达到保存植物种质的目的。如在 MS + 0.984 mol/L IBA 培养基上，加入 21.6～25.8 mol/L PP_{333}，可使甘薯品种"徐薯 18"的试管苗在常温条件下保存 1 年以上；由咖啡的分生组织诱导形成的小植株在含 10% 蔗糖的 1/2 MS 培养基上，可保存 2～2.5 年；马铃薯茎尖在添加 ABA 及山梨醇的培养基中培养，保存 1 年后，生长旺盛，移至 MS 培养基中仍能正常发育。但崔秋华等和欧阳英等对石斛属植物种子进行常温（24℃）保存，研究发现，常温并不适宜对石斛属植株的保存。

低温保存是指在较低温度下对材料进行保存。低温可延缓材料的生长速度，在一定温度范围内适当降低温度可提高贮存材料的存活率，该方法适用于对种质的短期贮存。一般情况下，采用 1～9℃ 范围内的低温保存外植体，与常温保存法相比，低温保存法的应用更加广泛。史永忠等将苹果（*Malus domestica*）茎尖诱导的试管苗在 4℃ 下保存于 MS + 0.5 mol/L IBA + 0.2 mol/L IAA + 0.5% mannitol + 30 g/L 蔗糖 + 5 g/L 琼脂的培养基中，1 年后存活率能达到 87%。Shi 等研究发现，铁皮石斛试管苗置于 4℃ 下，在 1/2 和 1/4 MS 培养基中持续贮存 1 年后可以恢复正常生长。崔秋华等对齿瓣石斛（*Dendrobium devonianum*）种子进行保存研究，结果表明 0～5℃ 是其种子最佳的贮存温度。

超低温保存，一般选用液氮作制冷源，使温度保持在 -196℃。植物材料在超低温条件下，细胞内的各种生理活动近乎停止，保存材料处于较稳定的生理状态，细胞活力及形态保持分化的潜能便可保存下来，因此，可最大限度地延长贮存材料的寿命。为使贮存材料处于超低温保存所需求的生理状态，首先要对其进行干燥处理，降低细胞内自由水含量，增强抗寒能力。近年来，超低温保存技术日趋成熟，目前已发展形成了多种超低温保存方法，其中快速冷冻法和包埋干燥法应用较为广泛，且操作简便。

快速冷冻是指将待处理材料从 0℃ 或预处理温度直接投入到液氮中进行冷冻保存。该方法使细胞内的水分子在形成冰晶之前就迅速降为 -196℃，避免了对细胞内部结构及生理特性的损伤。运用这种方法之前一般要将待保存材料进行适当干燥预处理，干燥后细胞内的含水量高低是影响超低温保存效果至关重要的因素，该方法适用于可进行高度干燥的植物材料的保存，如种子。蒋燕等对南瓜种子进行超低温保存，发现种子活力随着含水量的降低而下降。王冠球等研究发现，经液氮保存处理的种子比未经液氮保存处理的种子，发芽率提高 10%～20%。欧阳英等对密花石斛（*D. densiflorum*）种子进行超低温保存，结果表明种子含水量为 43.26% 时，种子活力最高，可持续保存 4 个月。何明高等发现，新鲜的束花石斛（*D. chrysanthum*）种子直接经超低温保存，种子无法存活，当束花石斛种子干燥至含水量为 27.8% 后，种子的存活率提升至 52%。

包埋干燥法是将待保存的材料用海藻酸钙进行包埋，经硅胶干燥后，速冻。大致流程是首先将植物材料悬浮在含 3% 海藻酸钠的无钙培养基上，然后把悬浮液滴入含 100 mm $CaCl_2$ 的培养基中，20～30 min 后，干燥速冻。该方法主要适用于芽尖、茎尖、体细胞胚及悬浮细胞等植物材料。

尽管目前存在多种超低温保存植物材料的方法，但到目前为止仍没有一种可对所有植物材料进行保存的方法。因此，要对植物材料进行恰当的保存，必须根据材料的特点来选择合适的方法。

第二节 铁皮石斛种质保存实例

实验利用经过不同干燥时间处理的铁皮石斛种子，获得最佳的干燥处理时间，然后采用不同的保存方法，研究不同保存条件对铁皮石斛种子活力和萌发率的影响以及种子在萌发过程中的形态变化，旨在延长铁皮石斛种子保存寿命，为铁皮石斛种质资源的长期保存提供理论依据。

1. 材料

采自浙江雁荡山（东经 120°65′，北纬 28°01′）的新鲜野生铁皮石斛蒴果。

2. 方法

（1）种子的消毒处理

采集新鲜的野生铁皮石斛蒴果（图 4-1 A），在体积分数为 70% 的酒精中消毒 15～20 s，再用

0.1%的 NaClO 溶液浸泡 15 min，最后用无菌水冲洗 3～4 次，用无菌解剖刀切开果实，得到种子。

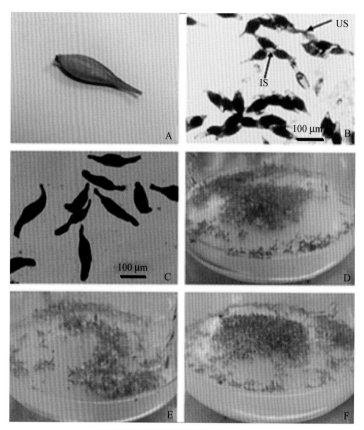

图 4-1　铁皮石斛果实、种子及种子萌发情况的观察

注：A：新鲜的野生铁皮石斛蒴果；B：经 TTC 染色后，铁皮石斛种子活力情况（IS：有活力可萌发的种子；US：活力低或无活力，不能萌发的种子）；C：显微镜下的铁皮石斛种子形态；D：干燥处理 24 h 后，未经保存的种子萌发情况；E：未经干燥的种子萌发情况；F：经干燥处理后，在液氮中保存 30 d 的种子萌发情况。

（2）种子的形态学观察

将获得的蒴果中成熟的种子置于荧光体视显微镜下（型号：MVX10），观察种子的形态，测量种子的横径、纵径及胚长。

（3）种子的干燥处理

将处理好的铁皮石斛种子用灭过菌的滤纸包裹好，置于直径为 15 cm 的无菌培养皿中，上铺一个直径为 12 cm 的无菌滤纸，在培养皿中加入 10 g AlCl₃ 固体干燥，干燥时间分别为 0 h、6 h、12 h、24 h、36 h、48 h、60 h、72 h。经干燥处理后均分为 3 份，1 份用于干燥后种子活力的测定；1 份用于干燥后，烘干称重；1 份经干燥后培养在 1/2 MS 培养基中，测定种子萌发率。

（4）种子含水量的测定

经过不同干燥时间处理的种子各取 1 份，用精密天平称重，3 个重复。称重后，将种子置于恒温干燥箱中干燥至恒重（137℃±2℃），用精密天平称重，3 个重复。根据烘干前后种子重量的变化，计算种子的含水量。

$$种子含水量（\%）=\frac{干燥种子重量-烘干种子重量}{干燥种子重量}\times100\%$$

（5）TTC 染色法测定种子活力

将经过不同干燥时间处理的种子各取 1 份，用 0.1% 的 TTC 溶液染色测定种子活力，处理时间为 1 h，3 个重复。种子着色后，在显微镜下观察染色情况，随机选取 3 个视野，统计有活力及无活力的种子数。凡是染色为鲜红色的为有活力的种子，染色为灰白色、淡红色或完全不染色的为无活力的种子（图 4-1 B）。

$$TTC 染色率（\%）=\frac{有活力种子数}{观察种子总数}\times100\%$$

（6）种子萌发率测定

取经过不同干燥时间处理的种子各 1 份，并在室温下保存 7 d 之后，在超净工作台中将种子播撒至 1/2 MS 培养基中。培养条件为：温度 21～25℃，光照强度 2 000 lx，光照 12 h/d，环境湿度 60%～80%。培养 5～6 周后，取适量种子在显微镜下观察种子萌发情况，随机选取 3 个视野，统计种子萌发个数，3 个重复。

$$种子萌发率（\%）=\frac{种子萌发数}{观察种子总数}\times100\%$$

（7）种子的保存方法

取经干燥处理 24 h 的铁皮石斛种子，置于冷冻管中，密封。分别保存在常温、4℃、−20℃和液氮中，在保存 30 d、60 d、90 d 后随机取样进行种子活力和萌发率的测定。

（8）实验数据处理

实验数据用 SPSS（18.0）软件进行分析处理。

（9）种子萌发过程中形态变化观察

选用在液氮中保存 30 d 的种子（此时的种子萌发率及种子活力均较高），接种后，前 15 d 种胚吸水膨胀，但形状变化不大，每隔 10 d 取样 1 次，在接种 25 d 后，种胚生长加快，形态变化较明显，每隔 5 d 取样 1 次。用显微镜观察种子在萌发过程中的形态变化以及胚突破种皮形成原球茎及幼苗的过程。

3. 结果与分析

（1）铁皮石斛种子的形态学观察

铁皮石斛的果实为蒴果，呈纺锤形，果皮偏厚。未成熟的种子常聚集成团状，为暗黄色，在成熟后种子逐渐可分散开，呈浅黄色，为粉末状，极细小，在显微镜下观察为纺锤形（图4-1C），种皮偏薄，胚位于种子的中央，种子横径约为0.05 mm，纵径约为0.38 mm，种胚长约0.18 mm，结构较简单，无胚乳，因此在自然条件下难以萌发，且生长较缓慢。

（2）种子含水量对种子活力和萌发率的影响

由表4-1可知，经过不同干燥时间处理后，随着干燥时间的延长，种子含水量下降，当干燥时间为24 h、36 h时，种子含水量下降迅速，且经24 h干燥处理后的TTC染色率和种子萌发率与未经干燥处理相比明显提高，可达95.67%和94.15%（图4-1D、E）。同时也说明种子的萌发率与TTC染色测得的种子活力相接近。实验结果表明，含水量为10%～20%的样品，种子萌发率较高，可达90%以上。

表4-1　种子含水量对种子活力和萌发率的影响

干燥时间 （h）	种子含水量 （%±SE）	TTC染色率 （%±SE）	种子萌发率 （%±SE）
0	45.03±1.03 a	83.02±2.13 c	80.38±1.46 d
6	42.57±1.78 a	82.57±1.29 c	81.39±2.32 d
12	37.89±0.63 b	83.29±1.44 c	84.03±1.24 c
24	20.63±1.22 c	95.67±1.03 a	94.15±0.81 a
36	10.79±0.35 d	90.33±2.53 b	90.97±1.69 b
48	8.45±1.83 d	82.21±2.17 c	83.46±0.57 c
60	6.36±1.58 d	78.94±1.42 d	77.81±1.18 e
72	5.07±0.86 d	70.12±1.54 e	62.85±1.93 f

注：表中数据均为均值，用LSD检验。小写字母表示在5%水平上的差异显著性。

（3）不同保存条件对种子活力和萌发率的影响

将经过干燥处理24 h后的铁皮石斛种子，分别保存在常温、4℃、－20℃及液氮条件下，分别在保存30 d、60 d、90 d后，统计种子染色率及种子萌发率。

由图4-2可知，经干燥处理24 h后的种子，萌发率随保存温度的升高而下降。4种保存方式，在液氮中保存效果最好。实验结果表明，种子在液氮中保存30 d后，种子的萌发率与未经保存的种子萌发率基本相同，可达94%以上，且在2个月后长成正常幼苗；在保存60、90 d后种子萌发率稍有下降，仍达91%以上，远高于种子在常温、4℃、－20℃下的萌发率。种子保存在常温条件下，种子萌发率下降最为明显，在保存90 d后，萌发率仅为33.8%，保存效果最差。由此可知，在液氮中保存是铁皮石斛种子保存的最佳方式。

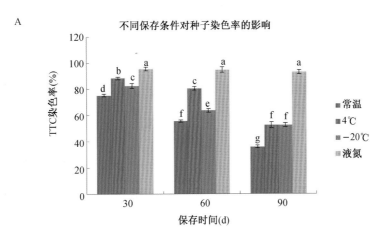

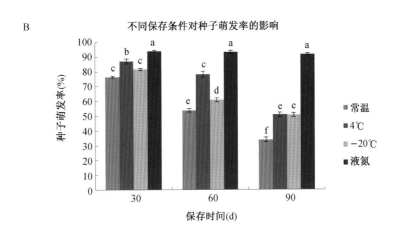

图 4-2 不同保存条件对种子活力和萌发率的影响

注：图中数据均为均值，用 LSD 检验。小写字母表示在 5% 水平上的差异显著性。

（4）种子萌发过程中形态变化观察

铁皮石斛在无菌播种 15 d 后，种胚吸水开始膨胀，种胚外有一层透明的种皮包被，胚呈长椭球形；25 d 后，胚进一步膨胀，颜色加深，近椭球体，两端不对称，一端较另一端略有尖状突起；30 d 后，种皮完全消失，胚裸露呈椭球形，尖端突起明显，原球茎形成；35 d 后，原球茎体积进一步增加，尖端有叶原基出现，呈长枝状突起，同时枝端颜色较其他原球茎部位深；40 d 后，原球茎纵向生长加快，叶原基逐渐增大，并开始形成第一幼叶；45 d 后，第二幼叶逐渐形成，并进一步生长。

4. 讨论

（1）种子含水量对种子活力和萌发率影响

关于铁皮石斛种子保存方法的研究，国内外报道较少，近年来进行了有关束花石斛、齿瓣石斛种子以及金钗石斛、铁皮石斛的原球茎、类原球茎体的超低温保存研究，研究结果表明，铁皮石斛类原球茎体含水量为（30±2)%时，其冻后存活率可达48%～80%。齿瓣石斛种子含水量为12%～19%时，经超低温保存后，存活率可达95%。本节的研究结果表明，铁皮石斛种子含水量为10%～20%时，种子萌发率可高达94%以上。这可能是由于种子的含水量偏低时，种子受到的脱水损伤增加，含水量偏高时，种子的呼吸作用受到抑制。

（2）不同保存条件对种子活力和萌发率的影响

崔秋华等将齿瓣石斛种子保存在不同温度条件下，研究结果表明，齿瓣石斛种子在0～5℃条件下保存的种子萌发率高于在－20℃条件下的萌发率，在室温条件下保存种子萌发率下降幅度最大，保存效果最差，这与本书的研究结果相符。成熟的兰科植物种子常于4℃条件下保存，但随着保存时间的延长，种子的活力将会大幅下降。随着超低温保存技术的出现，许多植物资源被成功保存，如草莓、紫罗兰、小麦、玉米、水稻等。但在兰科植物中，有关超低温保存种子的研究较少，在本研究中，铁皮石斛种子在4℃条件下保存30 d时，种子的萌发率为87.15%，在90 d时，种子萌发率仅为50.82%。结果表明，在4℃条件下适于短期内种子的保存。铁皮石斛种子在液氮中保存30 d时种子萌发率为94.06%，在90 d时，种子萌发率为91.72%，可见液氮中保存时种子的萌发率下降幅度最小，可用于铁皮石斛种子的长期保存。

（3）种子萌发过程中的形态变化

通过在显微镜下对铁皮石斛种子萌发过程的观察，发现成熟的种子呈粉末状，结构简单，无胚乳，仅由1层透明的种皮和1个种胚构成，故其在自然条件下萌发率极低。铁皮石斛种子经无菌播种后，逐渐膨大并变绿，形成椭球体，椭球体渐渐长大，形成原球茎，并进一步发育成幼苗。这与杨宁生等的报道相符。对铁皮石斛种胚及幼苗发育的深层观察可为铁皮石斛的组织培养选择合适的培养基提供理论参考。目前有关铁皮石斛胚胎学和种子萌发过程的微观研究较少，对铁皮石斛种子进行微观研究，将为种子的无菌培养提供细胞水平的指导。

第五章　铁皮石斛原球茎分化增殖技术

在铁皮石斛组织培养和快速繁殖研究中，原球茎的质量将直接影响后续组培苗的质量，适宜的培养条件对于获得高质量的原球茎非常重要，故原球茎增殖阶段是铁皮石斛组织培养和快速繁殖中十分关键的一个阶段。以种子萌发诱导获得的原球茎为材料，通过原球茎的增殖、分化培养能快速大量繁殖获得组培苗，原球茎的增殖研究为铁皮石斛的开发应用提供了重要的技术依据。但组织培养的研究中存在原球茎增殖速度较慢，增殖量较小，增殖阶段整齐度较低，培养周期较长等问题。

第一节　铁皮石斛原球茎分化增殖研究进展

原球茎培育组培苗的实验过程中，因为诱导原球茎所选取的外植体的不同，可以有多种途径获取铁皮石斛组培苗，诱导原球茎的外植体通常有种子、茎尖、带芽茎段、根等，其中使用铁皮石斛成熟的种子作为外植体不会影响植株的正常生长。

用铁皮石斛种子作为外植体诱导原球茎的组织培养研究中，一般选取铁皮石斛成熟但未开裂的种子进行实验，因为成熟未开裂的种子消毒灭菌比较方便。虽然铁皮石斛种子自然条件下萌发困难，但组织培养时只要有适合的培养基，其萌发率可以非常高，再通过原球茎增殖、分化和壮苗生根就可以得到大量铁皮石斛组培苗，能够提供一个可行途径来满足市场对铁皮石斛的需求。

种子诱导原球茎的影响因素主要有种龄、基础培养基、植物生长调节剂以及天然附加物等。

在种龄影响的研究中：叶秀嵝等将2～6个月的铁皮石斛种子播种于改良 N_6 培养基中，发现4、5、6个月的种子培养7 d后萌发，且萌发率为95%；曾宋君等对不同种龄的美花石斛（$D.$ $loddigesii$）、长距石斛（$D.$ $wangii$）、密花石斛（$D.$ $densiflorum$）、单斑石斛（$D.$ $fimbriatum$）、铁皮石斛（$D.$ $officinale$）进行播种实验，发现在改良 N_6 培养基中种龄越大，其萌发期越短，萌发率也越高，且这5种石斛兰的最适萌种龄为360 d；由此可见种龄是影响原球茎萌发的重要因素。

基础培养基的研究中：宋顺等将铁皮石斛种子播种于1/2MS、MS、1/2 N_6、1/3 N_6、N_6 等5种培养基中，结果表明，培养7 d后，培养基中的种子萌发率的高低为1/2MS＞MS＞N_6＞1/2 N_6＞1/3 N_6，且1/2MS中萌发率为91.63%；罗吉凤等的研究中比较了1/2MS、MS、1/3 N_6、1/2 N_6 和 White 培养基，认为虽然30 d的萌发率都达到了95%，但1/2MS培养基中原球茎生长得更好；而赵天榜等将曲茎石斛和铁皮石斛种子播种于 MS、B5、N_6 和其他11种培养基中，发现除

B5，其他基本培养基都比其减半的培养基好，且其中 N_6 最佳。杨柳平等的研究中也认为种子在各种基本培养基萌发都优于其减半的培养基，但其认为最佳基本培养基为 MS 培养基；基础培养基对铁皮石斛种子萌发影响的实验结果有很大的不同。

不同种类和浓度组合的激素能抑制或促进铁皮石斛种子萌发。植物生长调节剂的研究中常用 NAA、IAA、KT、6-BA、2，4-D、ABA 等，付传明等研究结果表明 $1.0 \sim 2.0$ mg/L 的 6-BA 有利于种子的快速萌发，2.0 mg/L 的 6-BA 使得原球茎在生长后期出现明显的玻璃化现象，0.1 mg/L NAA 适宜种子萌发。张铭等认为 0.5 mg/L 的 ABA 能明显提高铁皮石斛原球茎的质量，$0.05 \sim 2.0$ mg/L NAA 能促进种子萌发，而 2，4-D 只有 0.5 mg/L 促进种子萌发。

天然附加物研究中，蒋慧萍等的研究中认为椰子汁可促进种子萌发，提高种子萌发率。张桂芳等研究表明椰子汁和马铃薯对铁皮石斛种子萌发和生长有明显的促进作用，和郑志仁等的研究结果一致。多数研究认为天然附加物对种子的萌发起促进作用，但杨柳平等却认为在培养基中添加天然附加物不利于种子萌发，张玲等也认为香蕉和椰乳不利于种子萌发。

张桂芳等以种胚为外植体诱导原球茎，对原球茎的最适诱导和增殖培养基进行筛选，结果发现，6-BA 和 NAA 不利于原球茎萌发，椰乳和马铃薯对原球茎萌发有利，2，4-D 不利于原球茎增殖，激动素、6-BA 和 NAA 对原球茎增殖有利，椰乳对原球茎的增殖效果最佳；王丽萍等以铁皮石斛幼嫩茎段为外植体诱导和增殖原球茎，实验结果表明，6-BA、NAA 和 2，4-D 组合使用诱导原球茎最佳，原球茎增殖时使用高浓度 6-BA 和低浓度 NAA 效果最佳。

铁皮石斛原球茎增殖阶段的主要影响因素有基本培养基、植物生长调节剂和天然附加物等。基本培养基的研究中，张治国等将铁皮石斛原球茎播种于 1/2 MS、B5、N_6、VW、KC 等 6 种培养基上研究其增殖分化，发现 1/2 MS 是原球茎增殖的最佳培养基。莫昭展等对 N_6、B5、1/2 MS、MS 和改良 MS 对铁皮石斛原球茎的增殖影响进行研究，结果表明影响大小为改良 MS＞1/2 MS＞MS＞N_6＞B5。李荣珍认为培养基对铁皮石斛原球茎的增殖、分化影响的顺序为改良 MS＞N_6＞MS＞1/2 N_6＞1/2 改良 MS＞1/2 MS。

对于增殖阶段所用激素的研究大多集中在 NAA、2，4-D、6-BA 和 KT 等增殖阶段常用的激素，研究结果也不尽相同。洪森荣等认为低浓度 6-BA 与 2，4-D 的组合使用时可促进原球茎增殖，高浓度则抑制铁皮石斛原球茎的增殖。戴传云等的研究结果表明，适当浓度的 6-BA、NAA、KT 促进原球茎的增殖，其中 KT 能明显促进原球茎的增殖。黄作喜等研究结果表明，NAA 与 KT 配合使用时，促进铁皮石斛原球茎的增殖效果比 NAA 与 6-BA 的组合更好。莫昭展等认为 ABA 对原球茎的增殖效果明显，且最佳浓度为 0.5 mg/L。

在天然附加物的研究中，张桂芳等对马铃薯、香蕉、椰子和苹果影响原球茎的增殖进行研究，发现马铃薯、椰子和苹果能促进原球茎的增殖，且椰子的增殖效果最佳，而香蕉则对原球茎的增殖起抑制作用。蒋林等的研究表明苹果和马铃薯比香蕉的增殖效果好。而张治国等的研究却表明，原球茎增殖最好不要添加任何天然附加物。

此外，韩晓红等对铁皮石斛原球茎的液体悬浮培养展开研究，认为悬浮培养比固体培养好。并且有研究发现真菌能增加原球茎干物质的含量，大幅度提高植物次生产物的含量。

第二节 铁皮石斛原球茎增殖研究实例

以铁皮石斛种子萌发诱导所得的原球茎为实验材料，筛选最适合铁皮石斛原球茎增殖的基础培养基，在最适基础培养基的基础上探究了 ABA 对铁皮石斛原球茎增殖所产生的影响，并协同 NAA 和 6-BA 设计正交实验探求适合铁皮石斛原球茎增殖的最佳激素配比，这样便可确定铁皮石斛原球茎增殖阶段的最合适培养基配方。本研究期望获得质量好、整齐度高的铁皮石斛原球茎，为后续组培苗的培养奠定基础，同时也为今后铁皮石斛组织培养和快速繁殖的研究及开发应用提供技术依据。

1. 材料

实验材料为铁皮石斛种子萌发诱导所得的原球茎，该铁皮石斛种子采自云南，原球茎培养于南京师范大学生命科学学院植物资源与环境研究所植物组织培养室。选取相同条件下培养，长势良好无分化，处于同一生长期的原球茎进行实验。实验过程的各个培养阶段均置于温度（25±2）℃，光照强度 2 000 lx，每日光照 12 h 的条件下进行培养。

2. 方法

（1）不同基础培养基对铁皮石斛原球茎增殖的影响

将原球茎分别接种于以 1/2 MS、MS、N_6、B5 为基础培养基的培养基中，附加 NAA 0.4 mg/L、6-BA 1.0 mg/L、蔗糖 30.0 g/L、马铃薯提取液 100.0 g/L、琼脂 6.0 g/L。每组处理接种 8 瓶，每瓶接种 1.0 g 原球茎，接种 30 d、45 d、60 d 后统计其增殖情况。

（2）不同 ABA 浓度对铁皮石斛原球茎增殖的影响

将原球茎接种于含有不同浓度 ABA 的培养基中。以筛选出的最适基础培养基为基础培养基，附加蔗糖 30.0 g/L、马铃薯提取液 100.0 g/L、琼脂 6.0 g/L。每组处理接种 8 瓶，每瓶接种 1.0 g 原球茎，接种 30 d、45 d、60 d 后统计其增殖情况。

表 5-1　L$_{16}$（4^5）正交实验因素水平设计

水平	因素		
	A NAA（mg/L）	B 6-BA（mg/L）	C ABA（mg/L）
1	0.2	0.5	0.0
2	0.4	1.0	0.2
3	0.6	1.5	0.4
4	0.8	2.0	0.6

（3）不同激素浓度的正交实验

结合上一步不同 ABA 浓度对铁皮石斛原球茎增殖影响的实验结果，设计以 NAA、6-BA、ABA 浓度为 3 个因素，每个因素 4 个水平的正交实验，见表 5-1。以筛选出的最适基础培养基为基础培养基，附加蔗糖 30.0 g/L、马铃薯提取液 100.0 g/L、琼脂 6.0 g/L。每组处理接种 8 瓶，每瓶接种 1.0 g 原球茎，接种 45 d 后统计其增殖情况。

3. 结果与分析

（1）不同基础培养基对铁皮石斛原球茎增殖的影响

由表 5-2 可知，不同的基础培养基对原球茎的增殖有较大的影响，对比结果显示，B5 培养基上的原球茎生长状况最差，不仅增殖倍数低，原球茎的长势和整齐度也较差；N$_6$ 培养基上的原球茎生长状况属于中等水平；而 1/2 MS 和 MS 培养基对原球茎增殖的影响差异不大，增殖倍数、长势和整齐度都差不多，虽然 MS 培养基上的原球茎增殖倍数最高，但从节约成本的角度来说，优先考虑选用 1/2 MS 培养基为铁皮石斛原球茎增殖的基础培养基。

表 5-2　不同基础培养基对原球茎增殖的影响

基础培养基	原球茎增殖倍数			原球茎生长情况
	30 d	45 d	60 d	
1/2 MS	2.92 ± 0.27 a	8.43 ± 0.33 a	10.60 ± 0.33 a	健壮，后期有分化
MS	2.97 ± 0.31 a	8.65 ± 0.38 a	10.75 ± 0.52 a	健壮，后期有分化
N$_6$	2.06 ± 0.26 b	4.35 ± 0.26 b	6.35 ± 0.36 b	较弱，后期有分化
B5	2.05 ± 0.24 b	2.96 ± 0.25 c	3.42 ± 0.28 c	弱，后期有分化

注：1. 同列不同小写字母表示差异显著（$P < 0.05$）。

（2）不同 ABA 浓度对铁皮石斛原球茎增殖的影响

在一定范围内，原球茎增殖倍数随 ABA 浓度的升高而增大，原球茎的长势和整齐度也相应提高。由表 5-3 可知，Duncan 检验结果表明添加 0.4 mg/L、0.5 mg/L 和 0.6 mg/L 的 ABA 均能显著提高原球茎的增殖倍数。当 ABA 浓度为 0.5 mg/L 时，原球茎的增殖倍数在 45 d 时达到 9.23，原球茎长势良好，未分化。但是，当 ABA 浓度过高时，会明显抑制原球茎的生长，加速原球茎的分化甚至造成部分原球茎黄化死亡。上述实验结果表明，ABA 对原球茎的生长具有显著影响，当 ABA 浓度为 0.5 mg/L 时，原球茎的生长状况达到最佳，不仅增殖倍数最高，整齐度也最好。

表 5-3 不同浓度 ABA 对原球茎增殖的影响

ABA 浓度 (mg/L)	原球茎不同时间的增殖倍数			原球茎生长状况
	30 d	45 d	60 d	
0	2.05 ± 0.16 f	3.70 ± 0.18 d	5.62 ± 0.27 e	弱，浅绿，未分化
0.1	2.19 ± 0.09 f	4.31 ± 0.24 d	6.52 ± 0.30 d	弱，浅绿，少量分化
0.2	2.55 ± 0.05 e	5.41 ± 0.31 c	7.18 ± 0.33 c	较弱，浅绿，少量分化
0.3	3.10 ± 0.10 c	6.01 ± 0.24 c	7.31 ± 0.27 c	较弱，绿，少量分化
0.4	4.49 ± 0.12 b	7.17 ± 0.36 b	10.20 ± 0.25 b	健壮，绿，未分化
0.5	5.50 ± 0.12 a	9.23 ± 0.20 a	13.64 ± 0.35 a	健壮，深绿，未分化
0.6	4.52 ± 0.13 b	7.06 ± 0.36 b	10.28 ± 0.28 b	健壮，深绿，未分化
0.7	4.19 ± 0.12 b	5.82 ± 0.27 c	7.93 ± 0.34 c	弱，绿，少量分化
0.8	2.90 ± 0.09 cd	3.92 ± 0.22 d	6.18 ± 0.22 de	很弱，浅绿，多数分化
0.9	2.68 ± 0.12 de	2.80 ± 0.16 e	4.25 ± 0.32 f	很弱，黄绿，大量分化

注：1. 同列不同小写字母表示 $P < 0.05$。
　　2. 原球茎增殖倍数＝原球茎增殖后鲜重/原球茎接种时鲜重。

（3）不同激素浓度的正交实验

3 种激素自由组合产生的 16 组不同浓度处理对原球茎的增殖具有显著影响，其中处理 2 和处理 5 的原球茎增殖倍数都高达 10 以上，处理 1、处理 3、处理 6 和处理 11 的原球茎增殖倍数也较高，达到了 7 以上。由表 5-4 极差分析可知，C＞A＞B，即影响铁皮石斛原球茎增殖的因素按强弱排序为 ABA＞NAA＞6-BA，结合各因素 K 值的大小，可得原球茎增殖培养基的最优水平组合为 $A_1B_2C_2$，即 NAA 0.2 mg/L + 6-BA 1.0 mg/L + ABA 0.2 mg/L。

表 5-4　L_{16}（4^5）正交实验结果

处理编号	因素				增殖倍数（45 d）
	A NAA（mg/L）	B 6-BA（mg/L）	C ABA（mg/L）	空列	
1	0.2	0.5	0.0	1	7.43
2	0.2	1.0	0.2	2	11.68
3	0.2	1.5	0.4	3	7.11
4	0.2	2.0	0.6	4	4.77
5	0.4	0.5	0.2	3	10.36
6	0.4	1.0	0.0	4	8.71
7	0.4	1.5	0.6	1	4.41
8	0.4	2.0	0.4	2	4.63
9	0.6	0.5	0.4	4	5.01
10	0.6	1.0	0.6	3	3.24
11	0.6	1.5	0.0	2	7.33
12	0.6	2.0	0.2	1	6.77
13	0.8	0.5	0.6	2	3.37
14	0.8	1.0	0.4	1	5.92
15	0.8	1.5	0.2	4	5.46
16	0.8	2.0	0.0	3	3.85
$\overline{K_1}$	7.75	6.54	6.83		
$\overline{K_2}$	7.02	7.39	8.57		
$\overline{K_3}$	5.59	6.08	5.67		
$\overline{K_4}$	4.65	5.01	3.95		
R	3.10	2.38	4.62		

注：原球茎增殖倍数＝原球茎增殖后鲜重/原球茎接种时鲜重。

　　以空列数据做模型误差，对 3 个因素的 16 组处理进行方差分析，见表 5-5。由方差分析可以看出：NAA、6-BA 和 ABA 这 3 个因素对铁皮石斛原球茎增殖的影响都十分显著，但其影响程度的大小有较大的差异，ABA 的影响最为显著，6-BA 的影响在这 3 个因素中是最小的，这和极差分析的结果相吻合。表 5-6 各因素不同水平之间的 Duncan 检验表明，A_1、A_2、A_3、A_4 和 C_1、C_2、C_3、C_4 之间均存在显著性差异，但 B_1 和 B_3 之间没有显著性差异，B_2 与 B_1、B_3、B_4 之间存在显著性差异。综上可得出铁皮石斛原球茎增殖培养基的最优激素水平组合即为 $A_1B_2C_2$（处理组 2），即 NAA 0.2 mg/L＋6-BA 1.0 mg/L＋ABA 0.2 mg/L。对该组水平进行验证实验，45 d 后，测得原球茎增殖倍数为 10.83。

表5-5　正交实验处理结果的方差分析

因素	平方和	自由度	均方	F	$F_{0.05}$	显著性
A（NAA）	186.90	3	62.30	35.03	2.70	*
B（6-BA）	94.45	3	31.48	17.70	2.70	*
C（ABA）	363.15	3	121.05	68.06	2.70	*
误差	209.88	118	1.78			

注：$F > F_{0.05}$ 表示差异显著。

表5-6　各因素不同水平之间的差异性

水平	因素		
	A NAA（mg/L）	B 6-BA（mg/L）	C ABA（mg/L）
1	0.2 a	0.5 b	0.1 b
2	0.4 b	1.0 a	0.3 a
3	0.6 c	1.5 b	0.5 c
4	0.8 d	2.0 c	0.7 d

注：同列不同小写字母表示差异显著（$P < 0.05$）。

4. 讨论

（1）不同基础培养基对铁皮石斛原球茎增殖的影响

在4种不同的基础培养基中，MS培养基中的原球茎增殖倍数最高，B5培养基中的原球茎不仅增殖倍数最低，生长状况也最差，培养过程中原球茎出现了不同程度的分化，在培养后期还出现部分原球茎黄化死亡的现象。孟志霞等的研究表明，培养基中的氮素总浓度会对铁皮石斛幼苗的生长产生一定的影响，而不同的氮素形态（硝态氮和铵态氮）及其不同的配比也会在一定程度上影响铁皮石斛幼苗的生长。B5培养基硫酸铵的含量很低，硝态氮和铵态氮的比值较高，N_6培养基硝态氮和铵态氮的比值也较高，但其硫酸铵的含量比B5培养基高，这说明铵态氮的相对含量过低不利于铁皮石斛原球茎的增殖，低浓度的铵盐可能无法满足原球茎增殖阶段的营养需求；目前在植物组织培养中，MS培养基仍然是应用最为普遍的基础培养基，其含有较高浓度的无机盐，尤其是硝酸盐和铵盐的浓度相对较高，这给植物组织的生长发育提供了足够的营养元素，满足其对养分的需求。故在MS培养基上铁皮石斛原球茎的长势良好；当基础培养基为1/2MS时，原球茎的生长状况依旧良好，增殖倍数和整齐度都较MS培养基并无显著差异，这说明1/2MS培养基的无机盐含量已经足够原球茎生长所需，故从节约成本的角度来说1/2MS培养基是更适合铁皮石斛原球茎增殖的基础培养基，这与张治国和刘骅、鲍腾飞等的研究结果一致。但是随着培养时间的延长，培养基中原球茎的增殖速度变慢，增殖倍数也相应变小，且1/2MS培养基中原球茎增殖的速度较 MS 培养基中原球茎增殖的速度下降得更快，增殖倍数也下降的更多，所以在原球茎的培养过程中，使用 1/2 MS 为基础培养基时要更注意及时对其进行转瓶以保证其继续生长。

（2）不同 ABA 浓度对铁皮石斛原球茎增殖的影响

激素的种类和浓度对原球茎的生长有着显著的影响，在原球茎增殖分化期间，激素的选择和浓度配比尤为重要，适当的激素选择和配比不仅能缩短铁皮石斛组织培养的周期，对后期组培苗的壮苗生根也有重大影响。ABA 可以抑制细胞的分裂和伸长，是一种应用比较广泛的植物生长抑制剂。ABA 可以在一定程度上抑制植株和离体器官的生长，故也常用作生长延缓剂。但是除了作为生长抑制剂和延缓剂，有研究显示，ABA 在体细胞胚的发生发育上起到了一定的促进作用，在植物组织培养中，添加了一定量的外源 ABA 后，体细胞胚的发生频率得到了提高，发育质量也有了明显的改善，并抑制了异常体细胞胚的发生。有报道显示在黄瓜和胡萝卜组织培养中用 ABA 可以促进体细胞胚的正常形态发育。Liu 等的研究表明，在 MS 固体培养基中加入一定浓度的 ABA 能显著促进半夏（Pinellia ternata）原球茎的增殖并抑制其分化。有关 ABA 对铁皮石斛原球茎增殖影响的研究则较少，有研究表明，ABA 能促进原球茎的增殖并在一定程度上抑制其分化，对原球茎的质量和同步性有一定的影响。铁皮石斛的原球茎可以看作一种胚状体，其增殖阶段使用最多的生长调节剂是细胞分裂素类和生长素类。莫昭展等的研究指出，在培养基中添加 0.5 mg/L ABA 对促进铁皮石斛原球茎的增殖有明显效果。本节在总结前人实验的基础上进行了不同浓度 ABA 对铁皮石斛原球茎增殖影响的实验，实验结果表明 ABA 确实具有明显促进铁皮石斛原球茎生长的作用，且当 ABA 浓度为 0.5 mg/L 时，原球茎的增殖倍数最大整齐度最高，绝大多数原球茎生长健壮未分化。

（3）不同激素浓度的正交实验

不同的植物激素因子之间存在增强作用、拮抗作用、协同作用和反馈作用，几种激素因子之间的相互作用往往比较复杂，任何一种植物生理活动都不是受一种激素控制的，而是很多种激素相互作用以后的结果。有研究指出，在植物组织培养中，当对植物单独施加外源 ABA 时会抑制其再生芽的生长，而当 ABA 和其他植物生长调节剂共同施加于培养基中时，却促进了其再生芽的生长。杨荣超等的研究显示，在种子萌发过程中，细胞分裂素与 ABA 之间产生了相互作用，这种相互作用促进了种子的萌发。故而本节又进一步研究了外源 NAA、6-BA 和 ABA 这 3 种激素共同作用下对铁皮石斛原球茎增殖所产生的影响。正交实验的结果表明，适当浓度的 NAA、6-BA 和 ABA 的共同作用可明显促进铁皮石斛原球茎的生长，不仅增殖倍数得到了提升，原球茎的整齐度也有了一定程度的提高。在一定浓度范围内，添加了 NAA 和 6-BA 的培养基中再添加少量 ABA 更有利于原球茎的生长。当 6-BA 浓度增加时，原球茎的分化程度增大，这在一定程度上降低了原球茎增殖阶段的整齐度，而添加了 ABA 以后，原球茎的整齐度得到了提高，这说明在原球茎增殖过程中 ABA 与 6-BA 同时存在表现出了拮抗效应，ABA 在一定程度上抑制了原球茎的分化。但高浓度的 NAA 和 6-BA 都不利于原球茎的增殖，尤其是当 NAA 浓度过高时，原球茎的生长受到明显抑制，增殖倍数逐渐降低。有关这几种激素因子参与调控铁皮石斛原球茎增殖生长的机理还有待进一步研究。

第六章　铁皮石斛生根培养

在铁皮石斛的组织培养和快速繁殖体系中，形成一个完整植株要经历原球茎的诱导，原球茎的增殖和分化，组培苗的壮苗和生根等几个时期。随后经过组织培养的铁皮石斛完整植株将在炼苗后进行下一步的移栽培养。生根阶段的培养是铁皮石斛组培苗移栽成活的关键因素之一。

第一节　铁皮石斛壮苗生根培养的研究进展

壮苗生根是铁皮石斛组织培养的重要环节，影响因素也多为基本培养基、植物生长调节剂、附加物等。壮苗生根的基础培养基研究中，韩晓红等比较 $1/2\,MS$ 和 N_6 对铁皮石斛生根壮苗的影响，发现 N_6 培养基更适合铁皮石斛生根壮苗。刘骅等在 KC、VW、B5 和 $1/2\,MS$ 培养基上进行铁皮石斛小苗壮苗生根的实验，发现 B5 和 $1/2\,MS$ 比 KC 和 VW 的壮苗生根效果好。张书萍等研究中认为 MS 培养基中的幼苗比在 $1/2\,MS$、$1/2\,KC$、KC 培养基中的更好；余丽莹等比较 KC、WT、B5、$1/2\,MS$ 和 MS 对壮苗的影响，则认为 $1/2\,MS$ 中壮苗效果最佳。

植物生长调节剂对壮苗生根影响的研究中，王春等的研究发现 NAA 与 IBA 均能促使根与茎的生长，但 NAA 的效果比 IBA 好，且最佳浓度为 $0.5\,mg/L$。张书萍等研究中最适壮苗生根激素组合为 $2.0\,mg/L$ 6-BA 和 $0.1\,mg/L$ NAA。

在天然附加物研究中，何涛等在天然附加物对壮苗生根影响的实验中发现香蕉和马铃薯均有利于铁皮石斛的壮苗生根。刘骅等比较香蕉、荸荠和马铃薯对苗生长的影响，发现香蕉促进壮苗生根的效果最显著。而李璐等研究中却发现不添加香蕉的培养基中苗长势比添加香蕉的培养基好。

第二节　生根培养基优化研究

本节着重对铁皮石斛生根阶段的培养基进行了优化，对基础培养基中大量元素尤其是氮元素的比例进行了调节，并设计了正交实验筛选添加物的最佳浓度配比，以获得铁皮石斛生根阶段的最优培养基。我们期望得到更加高质量的铁皮石斛组培苗，为提高后续炼苗和移栽阶段组培苗的成活率打下基础。

1. 材料
实验材料为处于壮苗生长阶段的铁皮石斛组培苗，该组培苗由采自云南的铁皮石斛种子无菌培养而成，培养于南京师范大学生命科学学院植物资源与环境研究所植物组织培养室。挑选同一条件下生长良好，苗高 2～3 cm 的组培苗进行实验。实验过程的各个培养阶段均置于温度（25±2）℃，光照强度 2 000 lx，每日光照 12 h 的条件下进行培养。

2. 方法

（1）氮素对铁皮石斛生根的影响

将铁皮石斛组培苗分别接种于含不同氮素总量和不同氮素形态配比（铵态氮/硝态氮）的改良 1/2MS 培养基中，附加 NAA 0.4 mg/L、IBA 0.4 mg/L、蔗糖 30.0 g/L、香蕉提取液 100.0 g/L、琼脂 7.0 g/L、活性炭 1.0 g/L，实验设计见表 6-1。

表 6-1　改良 1/2MS 基础培养基中氮元素的配比情况

编号	KNO_3	NH_4NO_3	$MgSO_4$	KH_2PO_4	氮素总量（mmol/L）	NH_4^+/NO_3^-
1	1	1/2	1/2	1/2	40	1∶3
2	3/4	1/2	1/2	1/2	35	2∶5
3	3/4	3/4	1/2	1/2	45	1∶2
4	1/2	1/2	1/2	1/2	30	1∶2
5	1	3/4	1/2	1/2	50	3∶7
6	3/4	1	1/2	1/2	55	4∶7
7	1	1	1/2	1/2	60	1∶2
8	1/2	1	1/2	1/2	50	2∶3
9	1/2	3/4	1/2	1/2	40	3∶5

每组处理接种 8 瓶，每瓶接种 10 株苗，接种 60 d 后随机挑选其中 4 瓶，每瓶随机挑选 3 株铁皮石斛苗统计其生长情况，每瓶数据值取 3 株组培苗统计数据的平均数。

表 6-2　L_9（3^4）正交实验因素水平设计

水平	因素		
	A 马铃薯提取液（g/L）	B 香蕉提取液（g/L）	C 活性炭（g/L）
1	60	40	0.5
2	80	60	1.0
3	100	80	1.5

（2）不同添加物的正交实验

结合上一步氮素对铁皮石斛生根影响的实验结果，设计以香蕉提取液浓度、马铃薯提取液浓度、活性炭浓度为 3 个因素，每个因素 3 个水平的正交实验（表 6-2）。以筛选出的改良 1/2MS 培养基为基础培养基，附加 NAA 0.4 mg/L、IBA 0.4 mg/L、蔗糖 30.0 g/L、琼脂 7.0 g/L。每组处理接种8瓶，每瓶接种10株苗，接种60 d后随机挑选其中4瓶，每瓶随机挑选3株铁皮石斛苗统计其生长情况，每瓶数据值取3株组培苗统计数据的平均数。

3. 结果与分析

（1）氮素对铁皮石斛生根的影响

由表6-3可知，不同氮素总量和不同氮素配比对铁皮石斛组培苗生根阶段的生长都有着一定的影响。

表6-3　氮元素对铁皮石斛生根阶段生长的影响

编号	株高（cm）	根长（cm）	生根数（cm）	生长状况
1	8.13±0.19 a	6.57±0.21 a	4.98±0.11 a	++++
2	7.34±0.19 b	6.32±0.11 a	4.40±0.18 ab	++++
3	5.66±0.17 d	5.14±0.11 b	3.49±0.15 cd	+++
4	6.48±0.16 c	5.53±0.10 b	3.59±0.18 cd	+++
5	7.11±0.22 b	5.44±0.18 b	4.23±0.19 ab	+++
6	4.59±0.21 e	4.50±0.20 cd	3.60±0.13 bc	++
7	5.55±0.19 d	4.62±0.11 c	3.40±0.24 cd	++
8	4.25±0.14 e	3.37±0.14 e	2.58±0.21 e	++
9	4.27±0.09 e	4.15±0.11 d	3.09±0.13 de	++

注：1. 同列不同小写字母表示 $P<0.05$。
　　2. "株高"的测量标准是从植株基部至最顶端处。
　　3. "++"，叶色浅绿茎秆较粗壮；"+++"，叶色较绿茎秆粗壮；"++++"，叶色深绿茎秆很粗。

对比第1组和第9组，第5组和第8组的数据可知，当氮素总量相同时，NH_4^+/NO_3^-的比例越高，铁皮石斛长势越差。当铵态氮的比例增加时，铁皮石斛组培苗的生长受到明显抑制，植株生长缓慢，分蘖减少，叶片黄化度增加，茎秆细，根系不发达。对比第3组、第4组和第7组的数据可知，当NH_4^+/NO_3^-比例相同时，氮素总量为30 mmol/L时的植株明显比氮素总量为60 mmol/L时的植株长势好，表现在组培苗整体较健壮，株高较高，茎秆较粗，根系也较发达。综合9组实验结果，选择第1组即当氮素总量为40 mmol/L，NH_4^+/NO_3^-比例为1:3时的培养基为铁皮石斛生根阶段的基础培养基（改良的1/2 MS培养基）。

（2）不同添加物的正交实验

这3个因素自由组合产生的9组不同处理对铁皮石斛组培苗生根阶段的生长有着显著的影响。由表6-4可知，处理5和处理7的铁皮石斛组培苗株高都达到了9 cm以上，且组培苗茎秆粗壮、节多、叶色浓绿、根系发达。由表中株高的极差分析可知，各因素对铁皮石斛生根阶段生长影响的顺序为：A>C>B，即马铃薯提取液浓度>活性炭浓度>香蕉提取液浓度。而由表中根长的极差分析可知，各因素对铁皮石斛生根阶段生长影响的顺序为：B>A>C，即香蕉提取液浓度>马铃薯提取液浓度＞活性炭浓度。从各因素对株高的影响来看（K 值分析），得到铁皮石斛生根阶段最适培养基优化方案为 $A_2B_2C_3$，即处理组 5（马铃薯提取液 80.0 g/L＋香蕉提取液 60.0 g/L＋活性炭 1.5 g/L），其株高达到 9.56 cm，根长 4.97 cm，组培苗根系发达、新根多、根粗且长度适中。而各因素对根长影响的 K 值分析得到优化方案为 $A_3B_3C_2$，即处理组 9（马铃薯提取液 100.0 g/L＋香蕉提取液 80.0 g/L＋活性炭 1.0 g/L），此时根长达到 5.98 cm，根系发达、新根多、根粗且长，但株高只有 7.95 cm，且该组组培苗较处理组 5 来看茎秆略细长。

对 3 因素的 9 组处理进行方差分析，由表 6-5 可以看出，这 3 个因素对组培苗的株高影响都十分显著，且影响大小为：A＞C＞B，即马铃薯提取液浓度＞活性炭浓度＞香蕉提取液浓度，该结果和极差分析结果一致。在对根长的影响上，只有香蕉提取液浓度对组培苗的根长产生了显著的影响，见表 6-6。表 6-7 为影响株高的各因素不同水平之间的 Duncan 检验，可以看出，A_1、A_2、A_3 之间均存在显著性差异，B_2 和 B_1、B_3 之间存在显著性差异，C_3 和 C_1、C_2 之间存在显著性差异。故综合以上分析得到铁皮石斛生根阶段添加物最适浓度为 $A_2B_3C_3$ 组合，即马铃薯提取液 80.0 g/L＋香蕉提取物 80.0 g/L＋活性炭 1.5 g/L，对该组合浓度进行验证实验，60 d 后，测得组培苗平均株高为 9.34 cm，平均根长为 5.63 cm。

表 6-4　$L_9(3^4)$ 正交实验结果

	处理编号	A 马铃薯提取液 (g/L)	B 香蕉提取液 (g/L)	C 活性炭 (g/L)	株高（cm）	根长（cm）
	1	60	40	0.5	7.09	4.69
	2	60	60	1.0	7.50	4.72
	3	60	80	1.5	7.43	5.55
	4	80	40	1.0	8.23	4.62
	5	80	60	1.5	9.56	4.97
	6	80	80	0.5	8.91	5.53
	7	100	40	1.5	9.12	4.59
	8	100	60	0.5	8.51	4.84
	9	100	80	1.0	7.95	5.98
株高	$\overline{K}_1$	7.34	8.15	8.17		
	$\overline{K}_2$	8.90	8.52	7.89		
	$\overline{K}_3$	8.53	8.10	8.70		
	R	1.56	0.42	0.81		

(续表)

处理编号		因素			株高（cm）	根长（cm）
		A 马铃薯提取液（g/L）	B 香蕉提取液（g/L）	C 活性炭（g/L）		
根长	$\overline{K_1}$	4.99	4.63	5.02		
	$\overline{K_2}$	5.04	4.84	5.11		
	$\overline{K_3}$	5.14	5.69	5.04		
	R	0.15	1.06	0.09		

注：1. "株高" 的测量标准是从植株基部至顶端处。
2. "根长" 的测量标准是从植株基部至最长根的根尖处。

表6-5　正交实验处理结果株高的方差分析

因素	平方和	自由度	均方	F	$F_{0.05}$	显著性
A 马铃薯提取液	15.96	2	7.98	55.89	3.33	*
B 香蕉提取液	1.30	2	0.65	4.55	3.33	*
C 活性炭	4.12	2	2.06	14.42	3.33	*
误差	4.14	29	0.14			

注：$F > F_{0.05}$表示差异显著。

表6-6　正交实验处理结果根长的方差分析

因素	平方和	自由度	均方	F	$F_{0.05}$	显著性
A 马铃薯提取液	0.15	2	0.07	0.42	3.33	
B 香蕉提取液	7.44	2	3.72	21.39	3.33	*
C 活性炭	0.06	2	0.03	0.16	3.33	
误差	5.05	29	0.17			

注：$F > F_{0.05}$表示差异显著。

表6-7　各因素不同水平之间的差异性（株高）

水平	因素		
	A 马铃薯提取液（g/L）	B 香蕉提取液（g/L）	C 活性炭（g/L）
1	60 c	40 b	0.5 b
2	80 a	60 a	1.0 b
3	100 b	80 b	1.5 a

注：同列不同小写字母表示差异显著（$P < 0.05$）。

4. 讨论

（1）氮素对铁皮石斛生根的影响

氮元素是植物体内许多重要的有机化合物，包括蛋白质、叶绿素和核酸的重要组成部分，在很多方面影响着植物的新陈代谢和组织发育。植物的主要氮素来源是无机氮化物，铵态氮和硝态氮则是最普遍的无机氮化物。Poole 等和 Hew 对有关兰花的矿质营养进行了综述，香果兰（*Vanilla fragrars*）在缺氮条件下会出现叶片颜色变暗，叶片面积和干重，包括茎秆直径都降低的现象。在植物组织培养过程中，培养基中氮源的表现形式同样为硝态氮和铵态氮。在恒定 pH 条件下，铵态氮能使蕙兰（*Cymbidium faberi*）生长得比较好，卡德利亚兰（*Cattleya*）次之，对万代兰（*Vanda*）生长的影响则不如硝态氮。离体培养石斛兰幼苗，它吸收铵态氮快过硝态氮。至于对氮素的需求量，蝴蝶兰（*Phalaenopsis aphrodite*）和蕙兰的最适氮水平是 100 mg/L，而卡德利亚兰则是 50 mg/L。在铁皮石斛的组织培养中，培养基中的氮素总浓度和不同氮素形态配比对铁皮石斛组培苗的生长会产生不同程度的影响。

本实验中当铵态氮和硝态氮比例固定时，氮素浓度不同，铁皮石斛的长势也有不同，在 60 mmol/L 氮素作用下，铁皮石斛的生根长势和氮素浓度 30 mmol/L 时虽无显著性的差异，但黄化苗的比例明显升高，每瓶均可见到一些黄化叶片，如图 6-1。孟志霞等的研究表明氮素总量过多会造成铁皮石斛组培苗生长状况的下降，表现为黄化率增加，茎秆细弱，叶片过多，甚至造成组培苗的死亡。当氮素浓度固定时，随着铵态氮的比例增加，铁皮石斛的长势变差，如图 6-2。姚睿等的研究表明过量的铵态氮对外植体会产生毒害作用。铵态氮是光合磷酸化的解偶联剂，故铵态氮过多会造成植株光合作用的下降，影响植株的生长。综合实验结果，我们认为当 NH_4^+/NO_3^- 比例为 1:3，氮素总量为 40 mmol/L 时的培养基是比较适合铁皮石斛组培苗生根阶段的基础培养基。

图 6-1　不同氮素总量对铁皮石斛生根的影响

图 6-2　不同氮素形态比例对铁皮石斛生根的影响

（2）不同添加物的正交实验

铁皮石斛的组织培养过程中，椰汁、香蕉提取液、马铃薯提取液、苹果提取液等都是比较常见的天然添加物，它们是一种成分复杂的天然复合物，富含各种有机物，包括氨基酸、激素和酶等。而在铁皮石斛生根阶段的培养基中，香蕉提取液和马铃薯提取液是其中比较常见的添加物。大量研究表明，天然添加物对促进植株的生长有着明显的作用。宋顺等的研究表明香蕉提取液能促进铁皮石斛的壮苗生根，赵天榜和陈占宽的研究显示马铃薯提取液对铁皮石斛的壮苗生根也有明显的促进作用。本节中正交实验结果显示，马铃薯提取液对铁皮石斛的株高产生了十分显著的影响，香蕉提取液在铁皮石斛的根系生长方面发挥着重要的作用。当马铃薯提取液浓度大，香蕉提取液浓度小时，铁皮石斛组培苗虽然株高较高，茎秆也较粗壮，但根系生长不够发达；而当马铃薯提取液浓度小，香蕉提取液浓度大时，组培苗根系发达，植株却相对矮小，如图 6-3。在保证组培苗枝叶正常生长的前提下也要保证根系的健康生长，马铃薯提取液和香蕉提取液的浓度配比就显得很重要，本节通过正交实验筛选出的最佳浓度配比为 80.0 g/L 马铃薯提取液＋80.0 g/L 香蕉提取液。

活性炭在植物组织培养中的作用一般体现在其作为一种具有较强吸附能力的物质，可以吸附培养基中的酚类醌类等有害物质，从而有效地防止外植体和愈伤组织的褐化，提高外植体的存活率。而其在促进植株生根上所发挥的作用一般认为与其创造的黑暗环境有关。活性炭的存在创造了一种暗培养环境，而这种暗培养环境能够提高生根率的原因主要是由于活性炭的存在增加了天冬氨酸、赖氨酸、脯氨酸等游离氨基酸的含量，在一定程度上可以诱导细胞脱分化。此外，活性炭可以抑制生长素的光氧化作用，提高生长素的含量和活性。刘根林和朱军的研究表明活性炭可以促进诱导某些植物的生根。韩文璞和袁明莲在甜樱桃（*Prunus avium*）组织培养中加入活性炭，

图 6-3 不同添加物浓度对铁皮石斛生根的影响

生根率达到 100%，根系发达。孟志霞等的研究表明不同浓度的活性炭对铁皮石斛的生根数和生根速度都有一定程度的影响。但是活性炭在吸附有害物质的同时，也会吸附植物生长调节剂和其他有利物质。Rao 等的研究表明在固体或液体培养基中，活性炭会吸附高质量浓度的 IAA、NAA、BA 和 KT 等植物生长调节剂，对生根产生不利影响。还有研究显示活性炭的加入可以完全逆转高质量浓度 BA 对根的诱导和生长产生的抑制作用。活性炭吸附其他有利于生根的物质包括硫胺素、烟酸、吡哆素、叶酸、螯合性离子等，都会对生根产生不利影响。本节实验结果也表明，活性炭对铁皮石斛生根的影响是比较显著的，所以在进行生根培养时，要注意选取合适的活性炭浓度，我们建议的添加浓度为 1.5 g/L。

第三节　海浮石对铁皮石斛生根的影响

目前，采用组织培养技术快速繁殖铁皮石斛组培苗已成为解决种苗紧缺的有效途径。但组培苗移栽的低成活率极大限制了铁皮石斛的工厂化生产，所以保护组培苗根部的完整性是保证移栽存活率的关键环节。因此，培育根数多且粗壮的组培苗是解决移栽成活率低的根本措施。

相关研究表明，海浮石是火山喷发出的岩浆所形成的石块，一般是由铝、钾、钠的硅酸盐所组成，为传统的中药原矿物药材，含有众多的微量元素。海浮石具有清肺火、化老痰、软坚通淋等功效，在临床上运用广泛，却很少用于组织培养。由于海浮石是一种多孔性无机材料，具有较强的吸附能力，也有相当的强度，渗透性强，可作为培养基质用于植物的组织培养。本节在已有的铁皮石斛组织培养技术的基础上，着重探究海浮石对铁皮石斛组培苗生根的影响，从而提高组培苗的移栽成活率，降低铁皮石斛工厂化生产成本。

1. 材料

实验材料为经过壮苗阶段的铁皮石斛组培苗，该组培苗的种源来自云南，是经过无菌培养而成的。本次实验选取株高 2 cm 左右，具有 2~3 片叶子，长势基本一致，无根或具有少量细根的铁皮石斛组培苗为外植体。接种外植体时，将其根部切断，保留 1~2 cm 的根部，在超净工作台中将组培苗一根根插入到生根培养基中进行生根诱导。生根培养的条件为：温度 22~26 ℃，光照强度 2 000~2 500 lx，光暗交替 16 h/8 h。

2. 方法

（1）海浮石对铁皮石斛生根的影响

在本实验室有关铁皮石斛组织培养研究的基础上，该实验采用基础生根培养基为：花宝二号 3 g/L + 香蕉汁 60 g/L + 土豆汁 80 g/L + 白砂糖 30 g/L + 活性炭 2 g/L。采用海浮石和琼脂不同浓度水平的组合配制生根培养基，两者浓度分别为：海浮石浓度为 50 g/L、100 g/L，琼脂浓度为 3.5 g/L 和 7.0 g/L。

表 6-8　海浮石对铁皮石斛生根阶段生长的影响的单因素实验

实验编号	生根培养基组成
1	基础生根培养基 + 琼脂 7.0 g/L
2	基础生根培养基 + 海浮石 50 g/L + 琼脂 3.5 g/L
3	基础生根培养基 + 海浮石 50 g/L + 琼脂 7.0 g/L
4	基础生根培养基 + 海浮石 100 g/L + 琼脂 3.5 g/L
5	基础生根培养基 + 海浮石 100 g/L + 琼脂 7.0 g/L

海浮石生根培养基的配制方法如下：先将海浮石与基础生根培养基分别进行高压灭菌，待培养基未完全冷却前，在超净工作台中向基础生根培养基中加入一定量的灭菌海浮石，即生根培养基。根据海浮石和琼脂的浓度设置 5 个处理组（表 6-8），每个处理组接种 10 瓶，每瓶接种 10 株组培苗。培养 30 d 后观察组培苗的生长情况，并随机抽取 6 瓶组培苗统计组培苗的根数、根长、根粗、株高和生长状况。

（2）海浮石位置、浓度及琼脂浓度的正交实验

根据上述实验结果，设计以海浮石位置、海浮石浓度、琼脂浓度为因素的 3 因素 3 水平的正

交实验（表 6-9）。基础生根培养基为：花宝二号 3 g/L＋香蕉汁 60 g/L＋土豆汁 80 g/L＋白砂糖 30 g/L＋活性炭 2 g/L。海浮石位置是指海浮石与基础培养基的混合方式，分为 3 种混合位置，即海浮石在基础培养基上部；海浮石在基础培养基中部；海浮石在基础培养基下部。每个处理接种 10 瓶，每瓶接种 10 株组培苗。培养 30 d 后观察组培苗的生长情况，并随机抽取 6 瓶组培苗统计生根数、根长、根粗、株高和生长状况。

表 6-9　L₉（3⁴）正交实验因素水平设计

水平	因素		
	A 海浮石位置	B 琼脂浓度（g/L）	C 海浮石浓度（g/L）
1	1	1.75	50
2	2	3.50	100
3	3	7.00	150

注：因素 A 中："1" 为海浮石在培养基上部；"2" 为海浮石在培养基中部；"3" 为海浮石在培养基下部。

3. 结果与分析

（1）海浮石对铁皮石斛组培苗生根的影响

由表 6-10 可知，不同浓度的海浮石和琼脂对铁皮石斛组培苗生根阶段的生长具有一定的影响。第 1 组和其他 4 组比较可知，在添加海浮石的培养基中，组培苗根数增多，根系粗壮，植株健壮且长势较好（见图 6-4）。不同海浮石浓度和琼脂浓度配比对组培苗生根作用存在差异，对比第 2、3 组和第 4、5 组数据可知，当海浮石浓度为 50 g/L，琼脂浓度为 3.5 g/L 时，组培苗整体生长健壮、植株较高、根数多、根系较发达。

表 6-10　海浮石对铁皮石斛生根阶段生长的影响

编号	根数	根粗（mm）	根长（mm）	株高（mm）	生长状况
1	3.00±0.32 c	0.63±0.02 d	36.38±0.28 a	40.82±0.45 e	++
2	5.80±0.37 a	1.41±0.01 a	30.46±0.61 c	51.42±0.56 a	++++
3	3.80±0.37 bc	1.25±0.02 b	26.66±0.34 e	45.76±0.81 c	+++
4	4.60±0.40 b	1.30±0.02 b	29.20±0.28 d	48.70±0.53 b	+++
5	3.40±0.25 c	1.13±0.02 c	33.30±0.27 b	43.00±0.30 d	++

注：1. "根长" 的测量标准是从植株基部至最长根的根尖处。
　　2. "株高" 的测量标准是从植株基部至最顶端处。
　　3. "++"，茎秆较细且叶片细薄较绿；"+++"，表示茎秆较粗且叶片较厚且深绿；"+++"，茎秆粗壮且叶片宽厚深绿。

图 6-4　海浮石对铁皮石斛生根的影响

注：a图：未添加海浮石生根培养基；b图：添加海浮石生根培养基。

综合上述实验数据，海浮石可促进铁皮石斛组培苗生根，但不同海浮石浓度和琼脂浓度对生根具有较大影响，本实验初步选出海浮石浓度为 50 g/L、琼脂浓度为 3.5 g/L 时，对组培苗生根效果最好。

（2）海浮石位置、浓度及琼脂浓度的正交实验

在本实验中，不同正交处理组对铁皮石斛组培苗根系生长具有显著影响。由表 6-11 可知，处理 4 和处理 5 的组培苗株高均达到 68 mm 以上，且生长健壮，根系发达，根长适中，在移栽过程中不易被折断。根粗和株高的极差分析可知，各因素对组培苗生根阶段的影响顺序为：A＞B＞C，即海浮石位置＞琼脂浓度＞海浮石浓度。组培苗根越粗，植株越高，越易存活。因此，从各因素对根粗和株高的影响来看（K 值分析），得到铁皮石斛生根阶段最适培养基优化方案为 $A_2B_2C_1$，即生根培养基中添加 3.5 g/L 琼脂，50 g/L 海浮石，海浮石处于生根培养基的中部。

表 6-11　L_9（3^4）正交实验结果

实验号	因素			根粗（mm）	株高（mm）	根长（mm）
	A 海浮石位置	B 琼脂浓度（g/L）	C 海浮石浓度（g/L）			
1	1	1	1	1.23	63.6	30.3
2	1	2	2	1.27	65.8	21.9
3	1	3	3	1.16	61.9	25.4
4	2	1	2	1.54	70.1	33.0
5	2	2	3	1.51	68.5	35.0
6	2	3	1	1.48	67.3	36.0
7	3	1	3	0.68	56.4	54.7
8	3	2	1	0.74	59.7	52.1
9	3	3	2	0.62	51.2	60.2

（续表）

| 实验号 | | 因素 | | | 根粗
（mm） | 株高
（mm） | 根长
（mm） |
		A 海浮石位置	B 琼脂浓度（g/L）	C 海浮石浓度（g/L）			
根 粗	$\overline{K_1}$	1.22	1.15	1.15			
	$\overline{K_2}$	1.51	1.17	1.14			
	$\overline{K_3}$	0.68	1.09	1.12			
	R	0.83	0.08	0.03			
株 高	$\overline{K_1}$	63.7	63.4	63.5			
	$\overline{K_2}$	68.6	64.7	62.4			
	$\overline{K_3}$	55.8	60.1	62.3			
	R	12.8	4.6	1.2			

注：1. 因素 A 中："1" 为海浮石在培养基上部；"2" 为海浮石在培养基中部；"3" 为海浮石在培养基下部。
　　2. "根长" 的测量标准是从植株基部至最长根的根尖处。
　　3. "株高" 的测量标准是从植株基部至最顶端处。

对正交实验结果进行方差分析，由表6-12、表6-13可知，这3个因素对组培苗的根粗和株高的影响大小为：海浮石位置＞琼脂浓度＞海浮石浓度，该方差分析结果与极差分析结果一致，但是只有A因素（海浮石位置）对组培苗的根粗和株高具有显著影响，B因素（琼脂浓度）和C因素（海浮石浓度）对组培苗的根系生长影响较小。

表6-12　正交实验处理结果的方差分析（根粗）

因素	平方和	自由度	均方	F	P	显著性
A 海浮石位置	0.869	2	0.434	711.573	0.001	*
B 琼脂浓度	0.009	2	0.004	7.332	0.120	
C 海浮石浓度	0.002	2	0.001	1.567	0.390	
误差	0.001	2	0.001			

注：$P < 0.05$，表示差异显著。

表6-13　正交实验处理结果的方差分析（株高）

因素	平方和	自由度	均方	F	P	显著性
A 海浮石位置	204.037	2	102.018	14.113	0.066	*
B 琼脂浓度	24.587	2	12.294	1.701	0.370	
C 海浮石浓度	1.167	2	0.584	0.081	0.925	
误差	14.457	2	7.229			

注：$P < 0.05$，表示差异显著。

表 6-14 为影响根粗的各因素不同水平之间的 Duncan 检验，结果显示，A_1、A_2、A_3 之间存在显著性差异；B_2 和 B_3 之间差异显著，但 B_1 与其差异不显著；C_1、C_2、C_3 之间存在显著性差异。表 6-15 为影响株高的各因素不同水平之间的 Duncan 检验，结果显示，A_2 和 A_3 之间差异显著，而 A_1 与其差异不显著；B 和 C 两个因素的各个水平之间差异均不显著。综上可知，极差分析结果和方差分析结果基本一致。因此，从节约成本角度考虑，铁皮石斛生根阶段最佳培养基为 $A_2B_2C_2$，即基础生根培养基 + 3.5 g/L 琼脂 + 3.5 g/L 海浮石，且海浮石处于生根培养基的中部。对获得的最佳生根培养基进行验证实验，45 d 后统计组培苗平均根粗为 1.59 mm，平均株高为 72.3 mm，平均根长为 34.7 mm，组培苗生长健壮，茎秆较粗，根长适中，在移栽过程不易被折断，能有效提高移栽成活率。

表 6-14　各因素不同水平之间的差异性（根粗）

水平	因素		
	A 海浮石位置	B 琼脂浓度（g/L）	C 海浮石浓度（g/L）
1	1 b	1.75 ab	50 c
2	2 a	3.50 a	100 a
3	3 c	7.00 b	150 b

注：1. 因素 A 表示："1" 为海浮石在培养基上部；"2" 为海浮石在培养基中部；"3" 为海浮石在培养基下部。
　　2. 同列不同小写字母表示差异显著（$P<0.05$）。

表 6-15　各因素不同水平之间的差异性（株高）

水平	因素		
	A 海浮石位置	B 琼脂浓度（g/L）	C 海浮石浓度（g/L）
1	1 ab	1.75 a	50 a
2	2 a	3.50 a	100 a
3	3 b	7.00 a	150 a

注：1. 因素 A 表示："1" 为海浮石在培养基上部；"2" 为海浮石在培养基中部；"3" 为海浮石在培养基下部。
　　2. 同列不同小写字母表示差异显著（$P<0.05$）。

4. 讨论

（1）海浮石对铁皮石斛组培苗生根的影响

目前，对铁皮石斛生根培养的研究主要集中于基础培养基的选择、激素种类及配比、天然添加物的浓度、培养条件等方面。然而，这些研究均采用琼脂作为培养基的固化剂。虽然琼脂是植物组织培养中常用的固化剂，能够较好地保留水分和固定组培苗的作用，但本身并不能作为任何营养物质。以琼脂为生根基质获得的组培苗，其根较长，根系脆弱，在移栽过程中断根率较高，

　　　　　　a　　　　　　　　　　　　b　　　　　　　　　　　　c

图 6-5　海浮石位置对铁皮石斛生根的影响

注：a 图：海浮石在培养基上部；b 图：海浮石在培养基中部；c 图：海浮石在培养基下部。

导致移栽成活率较低，这可能是因为组培苗移栽前后的生长环境差异较大，以及营养成分较难被组培苗根部吸收。因此，在传统的琼脂培养基中添加可附着的颗粒物质可有效地保持根部较高的氧气浓度，促进组培苗根部对营养成分的充分利用。

　　本实验结果表明，添加海浮石的生根培养基与对照组相比，组培苗根数明显增多、根粗壮、生长健壮、叶片宽厚浓绿、根长适中。这是因为海浮石是一种疏松多孔材料，将海浮石添加到生根培养基中，提高培养基的空气扩散系数，使组培苗的根部环境获得较多的氧气，促进组培苗根系的生长，而且，海浮石富含多种微量元素，为组培苗提供一定的无机元素。此外，海浮石可以为铁皮石斛组培苗在组培瓶中建立天然屏障，阻碍根系随意、多方向生长，促使组培苗根部包裹海浮石，增加根部的韧性，为其提供一种组培瓶内的攀岩基质，实现组培苗在组培瓶内的仿野生生长环境，使其更易于适应栽培环境。这主要与铁皮石斛具有附生的自然特性有关，其常着生于阴凉、湿润的常绿阔叶树上或表面有苔藓生长的岩石上。

　　（2）海浮石位置和琼脂浓度对铁皮石斛组培苗生根的影响

　　琼脂浓度主要影响培养基的通气性和软硬程度，进而影响组培苗根系的生长。琼脂浓度过低会使培养基变软，不足以固定组培苗的位置；琼脂浓度过高则会增大根系生长的阻力，生长变慢。李胜等研究发现，随着琼脂浓度的不断增加，根系的生长逐渐变慢，有的甚至不萌发新根，降低移栽成活率。这是因为琼脂浓度过高，减少根系与培养基营养成分的接触面积；另一方面，培养基的水分减少，降低培养基的渗透势，营养成分在较硬的培养基中运输较慢，影响组培苗对营养成分的吸收利用。

　　本节采用琼脂和海浮石作为固化剂配制的不同生根培养基。由表 6-12 和表 6-13 方差分析可知，只有海浮石位置对组培苗生根具有显著影响，海浮石浓度和琼脂浓度对其影响较小。当海浮石处于培养基中部，琼脂浓度为 3.5 g/L 时，组培苗生根效果最好，根系发达、叶片宽厚浓绿、生长健壮。这是由于培养基的软硬程度适中，增大了根系与培养基的接触面积，组培苗能更好地吸收营养物质；其次，培养基中部的海浮石一定程度上阻碍了组培苗根部对海浮石下方营养成分的吸收，为了充分利用海浮石下方的营养成分，组培苗根系必须首先克服海浮石的阻碍，吸收更多营养物质以维持自身的生长，使得组培苗根系更加发达，植株生长更加健壮。

此外，常规组织培养一般采用琼脂为固化剂，然而琼脂价格较贵，提高了组培苗的生产成本，不利于组培苗的工厂化生产。相反，本节采用的海浮石价格便宜，可长期反复使用，显著降低了组培苗的生产成本。因此，根据铁皮石斛喜欢附生的自然特性，将海浮石和少量琼脂相结合进行组培苗的生根培养，既充分利用了琼脂和海浮石的固化和吸附作用，又可以一定程度上降低组培苗的生产成本，有助于铁皮石斛产业化生产。

第七章　铁皮石斛丛生芽诱导增殖

铁皮石斛丛生芽增殖的实验过程中，因为增殖丛生芽所选取外植体的不同，可以有多种途径获取铁皮石斛组培苗。增殖丛生芽的外植体有茎段、带芽茎段、腋芽、根等，其中常用的增殖丛生芽的外植体为茎段。利用外植体增殖丛生芽，就可以不通过人工筛选而直接扩繁优质品种，能够保持母本的优良特性。

第一节　铁皮石斛丛生芽诱导、分化和增殖的研究进展

铁皮石斛丛生芽增殖的研究中，秦廷豪等以铁皮石斛的茎段、带顶芽的茎段和根蔸3类外植体诱导丛生芽，结果表明，这3种外植体均能诱导出丛生芽，但根蔸却可诱导原球茎，丛生芽诱导倍数比茎段和带顶芽的茎段高；张红兵等以嫩茎为外植体诱导腋芽，且改良了腋芽诱导培养基，结果表明，MS培养基中添加1.0 mg/L NAA和3.0 mg/L 6-BA时，茎段诱导腋芽的诱导率最高，且培养基中加入活性炭或维生素C能有效地防止外植体褐化；张书萍等用茎段为外植体，诱导丛生芽并壮苗生根，使铁皮石斛大量繁殖；铁皮石斛丛生芽增殖的实验虽然取得一定的进展，但目前的研究还有一些不足之处，如这些实验多为单因素实验，只考虑单一变量对实验结果的影响等。丛生芽增殖的组织培养能有效解决铁皮石斛资源稀缺问题，但研究中仍存在许多亟待解决的问题。

1. 茎段为外植体诱导、分化丛生芽

以铁皮石斛茎段为外植体诱导腋芽，再用腋芽增殖丛生芽是铁皮石斛快速繁殖的有效途径。茎段诱导丛生芽的实验中经常考虑基本培养基和植物生长调节剂对实验的影响。马玉申等在MS、1/2MS、1/3MS、1/4MS培养基中以茎段为外植体诱导丛生芽，发现1/2MS上的丛生芽诱导率最高。李莹等将茎段分别接入B5、N6、1/2MS、MS培养基中，发现MS培养基中的丛生芽诱导效果最佳。李泽生等比较了1/2MS、B5、改良N6、Ar等4种培养基对茎段分化丛生芽的影响，结果发现1/2MS中茎段诱导丛生芽最佳。

植物生长调节剂对茎段诱导丛生芽的影响研究中，朱艳等认为6-BA比KT和ZT的诱导作用好。郭洪波等将铁皮石斛茎节接入含有不同浓度NAA的MS培养基中诱导丛生芽，结果发现6-BA 5.0 mg/L时，培养基中添加0.4 mg/L NAA诱导率最高。卢文芸等以金钗石斛（*D. nobile*）、铁皮石斛（*D. officinale*）、美花石斛（*D. loddigesii*）、马鞭石斛（*D. fimbriatum*）和束花石斛（*D. chrysanthum*）的茎段为外植体进行快速繁殖的研究，发现6-BA和NAA的浓度比例对石斛的芽诱导有显著影响，且铁皮石斛所需的比例较大，在10到20之间。

2. 茎段增殖丛生芽

茎段增殖丛生芽的实验中，常考虑基本培养基、植物生长调节剂和天然附加物对实验的影响。

茎段增殖丛生芽最适基本培养基的研究中，姜殿强等将茎段诱导的小苗接入 1/2 MS、MS、B5 和 N6 基本培养基中，结果发现 MS 培养基中丛生芽的增殖效果最佳，增殖倍数为 5.1。周俊辉等的研究中表明，B5 的增殖效果比 N6、MS 和 KC 更好。白美发等以组培幼苗为外植体，在 N6、B5、1/2 MS 和 MS 上进行增殖研究，结果表明 N6 是幼苗增殖最适宜培养基。

植物生长调节剂影响茎段增殖丛生芽的研究中，王喜福探讨不同激素组合对丛生芽增殖的影响，结果表明，在改良 MS 培养基上添加 4.0 mg/L 6-BA、0.5 mg/L NAA 和 0.3 mg/L IBA，最适合丛生芽的增殖。张书萍等研究发现，5 mg/L 6-BA 和 0.3 mg/L NAA 是丛生芽增殖的最佳激素组合。李莹等的研究中则发现添加 2.0 mg/L 6-BA 的培养基中，增殖率达到最高，且高浓度的 NAA 不利于腋芽的分化，NAA 的最适浓度为 0.1 mg/L。

天然附加物影响茎段增殖丛生芽的研究中，周俊辉等认为天然附加物椰子比香蕉泥和马铃薯好，与白美发等的实验结果一致。姜殿强等则发现香蕉对茎段增殖丛生芽的影响比椰子、马铃薯和红薯都好。潘梅等对不同有机附加物对丛生芽增殖影响的研究也发现添加香蕉的培养基对丛生芽的增殖效果最佳。

第二节　铁皮石斛茎段丛生芽诱导增殖实例

近年来，许多重要的药用植物以不同的外植体进行体外再生研究，用于铁皮石斛快速繁殖的外植体主要包括根尖、茎段、腋芽、茎尖、叶片和种子等，虽然其中以种子作为外植体进行离体培养的研究比较多，但也有研究认为其他外植体比种子为外植体成苗快，苗的生长状况也更好。增殖丛生芽的实验中，以茎段作为外植体是比较常见的。其常用的实验方法有两种，一种是茎段先诱导腋芽，再用腋芽增殖丛生芽；另一种是将诱导腋芽与丛生芽增殖合为一步。为了进一步扩大增殖系数，本节采用第一种方法进行茎段增殖丛生芽的实验。实验中采用单因素和正交实验的方法，研究影响茎段诱导腋芽和增殖丛生芽的多种因素，从而筛选出茎段的最佳腋芽诱导培养基和最佳丛生芽增殖培养基，建立可行的以茎段为外植体的丛生芽增殖体系，以达到提高腋芽诱导系数、丛生芽增殖系数，减少茎段诱导腋芽、增殖丛生芽的时间，解决铁皮石斛组培苗资源匮乏，并为工厂化育苗提供理论指导的目的。

1. 材料及培养条件

茎段来源：选取壮苗后的高 4～5 cm 的粗壮铁皮石斛组培苗，剪下中间具有茎节的 1～2 cm 茎段并除去叶片备用。培养条件：所有材料均放置于 25℃ 的温度，2 000 lx 左右的光照强度，每天

12个小时日光灯照射的组织培养室中培养。

2. 方法

（1）天然附加物对腋芽诱导的影响

以 MS＋6-BA 0.5 mg/L＋NAA 0.2 mg/L 为对照组，实验组在对照组的培养基上分别添加马铃薯、香蕉、苹果、芋头各 100 g/L（所有培养基均添加蔗糖 30 g/L，琼脂粉 6.0 g/L，pH值5.8，另添加香蕉的培养基中琼脂粉 7.0 g/L）。

在超净工作台上无菌条件下，用消过毒的小剪刀从铁皮石斛组培苗上剪下中间具有茎节的 1～2 cm茎段并除去叶片，将选好的茎段分别横向接入各组腋芽诱导培养基中诱导腋芽发生，每个处理 10 瓶，每瓶 8 个材料，实验重复 3 次。约20 d时定期观察丛生芽的生长状况和诱导系数，统计茎段的腋芽诱导时间、诱导系数、生长状况，比较天然附加物及培养时间对铁皮石斛腋芽诱导的影响。

（2）腋芽诱导的正交实验

选取基础培养基、6-BA、NAA 3 个因素，每个因素取 4 个水平，留二空列，选择 L_{16}（4^5）正交表，因素水平安排见表7-1。在超净工作台上无菌条件下，用消过毒的小剪刀从铁皮石斛组培苗上剪下中间具有茎节的 1～2 cm茎段并除去叶片，将选好的茎段分别横向接入各组正交实验的腋芽诱导培养基中（所有培养基均添加蔗糖 30 g/L，琼脂粉 6.0 g/L，马铃薯 100 g/L，pH值5.8），诱导腋芽发生，每组 10 瓶，每瓶 8 个外植体。约20 d左右观察腋芽生长状况和增殖系数，统计茎段的腋芽诱导时间、诱导系数，比较基本培养基、植物生长调节剂对铁皮石斛腋芽诱导的影响。

表7-1　腋芽诱导正交实验设计

水平	因素				
	A 基础培养基	B 6-BA（mg/L）	C NAA（mg/L）	D 空列	E 空列
1	1/2 MS	0.5	0.2	1	1
2	MS	1.0	0.6	2	2
3	B5	2.0	1.0	3	3
4	N₆	3.0	1.4	4	4

（3）天然附加物对丛生芽增殖的影响

以 1/2 MS＋TDZ 0.01 mg/L＋6-BA 0.5 mg/L＋NAA 0.2 mg/L 为对照组，实验组在对照组的培养基上分别添加马铃薯、香蕉、苹果、芋头各 100 g/L，（所有培养基均添加蔗糖 30 g/L，琼脂粉 6.0 g/L，pH值5.8，另添加香蕉的培养基中琼脂粉 7.0 g/L）。

在超净工作台上无菌条件下，用消过毒的镊子从铁皮石斛茎段诱导的腋芽中选取生长一致，长约 1.5 cm 的<u>丛生芽</u>，切成单芽，分别接入添加不同天然附加物的各组<u>丛生芽</u>增殖培养基中，每个处理 10 瓶，每瓶 5 个材料，<u>实验重复 3 次</u>。分别于 30 d、45 d、60 d、75 d 时定期观察<u>丛生芽</u>的生长状况和增殖系数，比较各因素对铁皮石斛<u>丛生芽</u>增殖的影响。

（4）<u>丛生芽</u>增殖的正交实验

选取基础培养基、TDZ、6-BA、NAA 四个因素，每个因素设 4 个水平，留一空列，选用 L_{16}（4^5）正交表，因素水平安排见表 7-2。

表 7-2　<u>丛生芽</u>增殖正交实验设计

水平	因素				
	A 基础培养基	B TDZ（mg/L）	C 6-BA（mg/L）	D NAA（mg/L）	E 空列
1	1/2 MS	0.01	0.5	0.2	1
2	MS	0.05	1.0	0.6	2
3	B5	0.09	2.0	1.0	3
4	N_6	0.13	3.0	1.4	4

在超净工作台上无菌条件下，用消过毒的镊子从铁皮石斛茎段诱导的腋芽中选取生长一致，长约 1.5 cm 的<u>丛生芽</u>，切成单芽，分别接入正交实验的各组<u>丛生芽</u>增殖培养基中（所有培养基均添加蔗糖 30 g/L，琼脂粉 7.0 g/L，香蕉 100 g/L，pH 值 5.8），每处理 10 瓶，每瓶 5 材料。分别于 30 d、45 d、60 d、75 d 时定期观察<u>丛生芽</u>的生长状况和增殖系数，比较各因素对铁皮石斛茎段增殖<u>丛生芽</u>的影响。

（5）数据统计

诱导系数 =（腋芽个数/接种的茎段个数）×100%

增殖系数 =（增殖后的<u>丛生芽</u>个数/接种的腋芽个数）×100%

对有关的实验数据采用 SPSS 18.0 进行直观分析，并在 5% 水平上方差分析是否存在显著性差异。

3. 结果与分析

（1）天然附加物对腋芽诱导的影响

7 d 左右培养基中出现腋芽，随着腋芽的不断长大，在芽的基部出现少量<u>丛生芽</u>，少数腋芽基部产生愈伤组织，少数产生原球茎，20 d 左右腋芽长到 1.5 cm 左右，可用于<u>丛生芽</u>增殖实验，统计腋芽生长至 1.5 cm 时所需的时间和诱导系数，实验结果见表 7-3。

表7-3　天然附加物对腋芽诱导的影响

处　理	萌发时间（d）	诱导系数	生长状况
对　照	22	1.62	++，苗细
香　蕉	20	1.87	++，苗细
马铃薯	20	2.11	++++，苗粗壮
苹　果	21	2.00	+++，苗细长
芋　头	21	1.81	+++，苗粗

注："+"表示苗的生长状况，"+"越多生长越好。

由表7-3知，与对照组相比，添加马铃薯、香蕉、苹果、芋头都能促进铁皮石斛腋芽的生长，减少萌发时间，提高诱导系数。添加香蕉和马铃薯的萌发时间为20 d，添加苹果和芋头的时间为21 d，其中添加马铃薯的诱导系数为2.11，比对照组和其他实验组高，腋芽生长状况也比对照组和其他实验组更好，所以马铃薯对铁皮石斛茎段诱导腋芽的效果最佳。另外，从生长状况可以看出，苹果能使苗长的更高，下面腋芽诱导的正交实验中使用马铃薯作为天然附加物。

（2）腋芽诱导的正交实验

将铁皮石斛茎段接到腋芽诱导正交实验的各组培养基中，7 d左右开始有腋芽出现，随着时间增长，腋芽不断增加，20 d左右腋芽生长到1.5 cm左右，可用于丛生芽增殖实验，统计腋芽的诱导系数，并对实验结果进行直观分析，结果见表7-4。基础培养基、6-BA、NAA三个因素对腋芽诱导的影响大小顺序都为：基础培养基＞6-BA＞NAA（K值分析），最佳的腋芽诱导培养基组合为$A_4B_2C_1$，即N_6＋6-BA 1.0 mg/L＋NAA 0.2 mg/L。

表7-4　腋芽诱导正交实验结果的直观分析

处理	因素					诱导系数
	A 基础培养基	B 6-BA（mg/L）	C NAA（mg/L）	D 空列	E 空列	
1	1/2 MS	0.5	0.2	1	1	1.95
2	1/2 MS	1.0	0.6	2	2	1.97
3	1/2 MS	2.0	1.0	3	3	2.05
4	1/2 MS	3.0	1.4	4	4	1.72
5	MS	0.5	0.6	3	4	1.89
6	MS	1.0	0.2	4	3	1.97
7	MS	2.0	1.4	1	2	1.73
8	MS	3.0	1.0	2	1	1.65
9	B5	0.5	1.0	4	2	1.65
10	B5	1.0	1.4	3	1	1.74
11	B5	2.0	0.2	2	4	1.78

（续表）

处理	因素					诱导系数
	A 基础培养基	B 6-BA（mg/L）	C NAA（mg/L）	D 空列	E 空列	
12	B5	3.0	0.6	1	3	1.81
13	N_6	0.5	1.4	2	3	2.55
14	N_6	1.0	1.0	1	4	2.67
15	N_6	2.0	0.6	4	1	1.94
16	N_6	3.0	0.2	3	2	2.34
$\overline{K_1}$	1.922	2.010	2.010	2.040	1.820	
$\overline{K_2}$	1.810	2.087	1.902	1.988	1.922	
$\overline{K_3}$	1.745	1.875	2.005	2.005	2.095	
$\overline{K_4}$	2.375	1.880	1.935	1.820	2.015	
R	0.630	0.212	0.108	0.220	0.275	

为了进一步探究各个因素对茎段诱导腋芽的影响程度，对腋芽诱导的实验结果进行方差分析，结果见表7-5。基础培养基对腋芽诱导的影响达到显著水平，而6-BA、NAA这两个因素对腋芽诱导没有显著性的意义，且影响大小顺序为：基础培养基＞6-BA＞NAA。

表7-5 腋芽诱导正交实验结果的方差分析

因素	平方和	自由度	均方	F	$F_{0.05}$	显著性
A（基础培养基）	0.969	3	0.323	6.830	4.760	*
B（6-BA）	0.129	3	0.043	0.912	4.760	
C（NAA）	0.034	3	0.011	0.237	4.760	
误差	0.284	6	0.047			

注：$F > F_{0.05}$表示差异显著。

对茎段最佳腋芽诱导培养基（N_6＋6-BA 1.0 mg/L＋NAA 0.2 mg/L＋蔗糖 30 g/L＋琼脂粉 7.0 g/L＋马铃薯 100 g/L，pH值5.8）进行实验验证，实验操作与腋芽诱导的正交实验一致，重复3次。得到的实验结果为：茎段诱导的腋芽18 d左右时长至1.5 cm，且腋芽的诱导系数为2.90。

（3）天然附加物对丛生芽增殖的影响

随着时间增长，培养基中的丛生芽不断增加，分别在30 d、45 d、60 d、75 d时观察丛生芽生长状况并统计其增殖系数，实验结果见表7-6。随着时间增长，丛生芽的增殖系数不断增大，但75 d时出现黄叶、生长枯萎，所以添加天然附加物实验中茎段增殖丛生芽的最佳时间为60 d。60 d时的生长状况最好，能进行壮苗和生根生长。与对照组相比较，添加马铃薯、香蕉、苹果、芋头都能提高茎段的丛生芽增殖系数，且都能使丛生芽生长得更好，60 d 时添加香蕉和芋头的培养基中的增殖系数最高，均为 5.70，但添加芋头的培养基中，丛生芽的生长状况没有添加香蕉的好，所以香蕉对铁皮石斛茎段增殖丛生芽的影响最佳。

表 7-6　附加物对丛生芽增殖的影响

处理	时间（d）				生长状况
	30	45	60	75	
对照组	2.20	2.45	4.70	4.80	++
香　蕉	3.25	3.35	5.70	6.00	++++
马铃薯	2.72	2.88	5.28	5.87	++++
苹　果	3.00	3.10	5.35	5.70	+++
芋　头	3.15	3.45	5.70	6.00	+++

注："+" 表示苗的生长状况，"+" 越多生长越好。

（4）丛生芽增殖的正交实验

将 1.5 cm 的铁皮石斛茎段腋芽转接到丛生芽增殖培养基中，20 d 左右茎段腋芽基部开始分生出丛生芽，分别 30 d、45 d、60 d、75 d 时观察丛生芽生长状况并统计其增殖系数，结果见图 7-1。

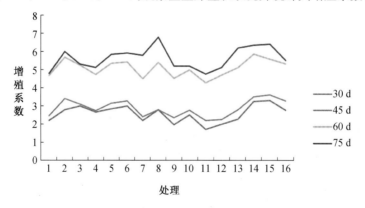

图 7-1　不同时间丛生芽的增殖系数

随着时间增长，丛生芽不断增加，增殖系数不断增大，但 75 d 时大多实验组都出现黄叶、生长枯萎，所以铁皮石斛茎段增殖丛生芽的最佳时间为 60 d。60 d 时的丛生芽生长状况最好，能进行壮苗和生根生长，丛生芽的最佳增殖时间与天然附加物对丛生芽增殖影响的单因素实验结果一致，均为 60 d。

经过基础培养基、TDZ、6-BA、NAA 4 因素 4 水平 16 个浓度组合的正交实验，得到 60 d 时茎段的丛生芽增殖系数，并对图 7-1 中的 60 d 时的实验结果进行直观分析，结果见表 7-7。基础培养基、TDZ、6-BA、NAA 4 个因素对茎段增殖丛生芽的影响大小顺序为：基础培养基＞TDZ＞6-BA＞NAA（K 值分析），最佳培养基组合为 $A_4 B_2 C_2 D_3$，即 N_6 + TDZ 0.05 mg/L + 6-BA 1.0 mg/L + NAA 1.0 mg/L。

表 7-7　丛生芽增殖正交实验结果的直观分析

处理	因素					增殖系数
	A 基础培养基	B TDZ（mg/L）	C 6-BA（mg/L）	D NAA（mg/L）	E 空列	
1	1/2 MS	0.01	0.5	0.2	1	4.70
2	1/2 MS	0.05	1.0	0.6	2	5.70
3	1/2 MS	0.09	2.0	1.0	3	5.25
4	1/2 MS	0.13	3.0	1.4	4	4.73
5	MS	0.01	1.0	1.0	4	5.35
6	MS	0.05	0.5	1.4	3	5.44
7	MS	0.09	3.0	0.2	2	4.50
8	MS	0.13	2.0	0.6	1	5.40
9	B5	0.01	2.0	1.4	2	4.53
10	B5	0.05	3.0	1.0	1	5.00
11	B5	0.09	0.5	0.6	4	4.28
12	B5	0.13	1.0	0.2	3	4.72
13	N_6	0.01	3.0	0.6	3	5.13
14	N_6	0.05	2.0	0.2	4	5.88
15	N_6	0.09	1.0	1.4	1	5.60
16	N_6	0.13	0.5	1.0	2	5.33
$\overline{K}_1$	5.095	4.928	4.938	4.950	5.175	
$\overline{K}_2$	5.172	5.505	5.342	5.128	5.015	
$\overline{K}_3$	4.633	4.908	5.265	5.232	5.135	
$\overline{K}_4$	5.485	5.045	4.840	5.075	5.060	
R	0.852	0.597	0.502	0.282	0.160	

　　为了进一步探究各个因素对茎段增殖丛生芽的影响程度，对丛生芽增殖的实验结果进行方差分析，结果见表 7-8。基础培养基、TDZ、6-BA 和 NAA 这 4 个因素对茎段增殖丛生芽的影响大小顺序为：基础培养基＞TDZ＞6-BA＞NAA，且基础培养基、TDZ、6-BA 这 3 个因素对茎段增殖丛生芽的影响都达到显著水平，而 NAA 对茎段增殖丛生芽没有显著性的意义。

表 7-8　丛生芽增殖正交实验结果的方差分析

因素	平方和	自由度	均方	F	$F_{0.05}$	显著性
A（基础培养基）	1.488	3	0.496	23.818	9.280	*
B（TDZ）	0.935	3	0.312	14.970	9.280	*
C（6-BA）	0.720	3	0.240	11.523	9.280	*
D（NAA）	0.166	3	0.055	2.649	9.280	
误差	0.062	3	0.021			

注：$F > F_{0.05}$ 表示差异显著。

对最佳丛生芽增殖培养基进行丛生芽增殖的实验验证，实验操作与丛生芽增殖的正交实验一致，重复 3 次。得到的实验结果为：茎段增殖丛生芽的最佳增殖时间为 60 d，60 d 时的丛生芽增殖系数 6.45，且铁皮石斛丛生芽生长健壮，能进行壮苗和生根生长。

4. 讨论

（1）天然附加物对腋芽诱导的影响

天然附加物成分比较复杂，含有氨基酸、激素和酶等天然有机物，能对组织培养起促进或抑制作用，铁皮石斛组织培养中常用的天然添加物有椰子、香蕉、马铃薯和苹果等。大量研究表明，天然附加物是影响铁皮石斛组织培养的一个重要因素，不同的天然附加物对铁皮石斛组织培养的不同阶段有不同的抑制或促进作用。目前，天然附加物对腋芽诱导影响的研究较少，本节天然附加物影响茎段诱导腋芽的研究中，对马铃薯、香蕉、苹果、芋头这四种天然附加物进行单因素实验比较，结果表明，马铃薯对铁皮石斛茎段腋芽诱导的效果最佳，与丛生芽增殖的最佳天然附加物并不一致；另外，从生长状况可以看出，苹果能使苗长得更高。

（2）不同因素对腋芽诱导的影响

茎段诱导腋芽的实验中，大都采用单因素的实验方法研究多种因素对腋芽诱导的影响，本节中采用正交实验的方法筛选最佳腋芽诱导培养基。正交实验中的影响因素为基础培养基、6-BA 和 NAA，其中基础培养基 1/2MS、MS、B5、N6 是铁皮石斛茎段诱导腋芽研究中常用的培养基，本节对这四种基础培养基进行实验研究，结果表明基础培养基对腋芽诱导的影响具有显著性意义，且 N6 培养基的效果最佳，与李莹等和李泽生等的实验结果都不一致。植物生长调节剂的研究中，6-BA 对腋芽诱导没有显著性意义，最佳 6-BA 浓度为 1.0 mg/L，与一些实验结果并不一致。NAA 对腋芽诱导的影响也没有显著性意义，最佳 NAA 浓度为 0.2 mg/L，与庾韦花等研究结果一致。最后腋芽诱导实验操作中要注意将茎段横向接入培养基，横向接入茎段时，其腋芽萌发率比较高。

（3）天然附加物对丛生芽增殖的影响

本节天然附加物影响丛生芽增殖的研究中，对香蕉、马铃薯、苹果、芋头这四种天然附加物进行实验比较，结果发现香蕉是茎段增殖丛生芽的最佳天然附加物，与大多的实验结果一致，而有的研究则认为椰子汁是茎段增殖丛生芽的最佳天然附加物，另外从实验可以看出，苹果作为天然附加物，可使丛生芽生长的更高，所以对天然附加物的添加可做进一步探索。

　　(4) 不同因素对丛生芽增殖的影响

　　茎段增殖丛生芽的实验中，1/2MS、MS、B5、N₆ 培养基分别被认为是铁皮石斛丛生芽增殖效果最佳的基础培养基，本节对这 4 种基础培养基进行了比较，结果表明基础培养基对茎段增殖丛生芽的影响具有显著性意义，且 N₆ 培养基的增殖效果最佳，从茎段诱导腋芽、增殖丛生芽的实验结果可以看出，N₆ 基础培养基对茎段诱导腋芽、增殖丛生芽的影响效果都最佳，即 N₆ 基础培养基有利于茎段诱导腋芽以及增殖丛生芽。增殖时间的实验结果表明，茎段丛生芽增殖的最佳实验时间与姜殿强等的实验结果一致，60 d 时丛生芽的生长状况最好，能进行壮苗和生根生长，实验中 75 d 时大多实验组的培养基中出现黄叶，这可能是由于培养基的营养消耗，导致不能支持组培苗继续进行营养生长。

　　到目前为止，丛生芽的增殖实验中使用的植物生长调节剂为生长素和细胞分裂素的组合，多为 6-BA 和 NAA。本实验中引用了另一种植物生长调节剂 TDZ。高效生物调节剂 TDZ 是一种具有生长素和细胞分裂素双重作用的人工合成的苯基脲衍生物。TDZ 在较短时间内就能有效刺激植物组织的植株再生，已被广泛用于植物组织培养研究。本实验将 TDZ 与 6-BA、NAA 组合使用，结果显示茎段增殖丛生芽的培养基中 TDZ 的最佳浓度较低，为 0.05 mg/L，且 TDZ 对茎段增殖丛生芽的影响具有显著性意义。最佳 6-BA 浓度为 1.0 mg/L，且 6-BA 对茎段增殖丛生芽的影响具有显著性意义，与一些实验结果并不一致，这可能是由于本实验中多添加了一种植物生长调节剂 TDZ 的缘故。而 NAA 对茎段增殖丛生芽无显著影响，茎段增殖丛生芽的最佳 NAA 浓度为 1.0 mg/L，与一些实验结果并不相同，这可能与实验材料来源的不同有关，也可能与植物生长调节剂种类及其之间的相互作用有关。

第三节　铁皮石斛组培苗丛生芽诱导增殖实例

　　用铁皮石斛组培苗直接增殖丛生芽，与茎段增殖丛生芽相比，没有腋芽诱导的步骤，比茎段增殖丛生芽实验操作简单、丛生芽的生长时间更短。为了与以茎段为外植体的丛生芽增殖体系进行比较，本节采用与茎段增殖丛生芽相同的实验方法和相同实验条件，即通过单因素和正交实验的方法研究影响组培苗增殖丛生芽的多种因素，其中用单因素的实验方法研究天然附加物（马铃薯、香蕉、苹果、芋头）对组培苗增殖丛生芽的影响，用正交实验的方法研究基础培养基（1/2MS、MS、B5、N₆）、植物生长调节剂（6-BA、NAA、TDZ）和时间对组培苗增殖丛生芽的影响，从而筛选出组培苗的最佳丛生芽增殖培养基，建立可行的以组培苗为材料的丛生芽增殖体系，以达到简化丛生芽增殖的实验步骤，减少丛生芽生长时间，提高增殖系数的目的，为工厂化育苗提供理论指导。

1. 材料及培养条件

丛生芽增殖所用组培苗来源：铁皮石斛种子直接萌发所得的 1.5 cm 的组培苗，种子采自云南，将培养好的 1.5 cm 的铁皮石斛组培苗切成单苗备用。培养条件：所有材料均放置于 25℃ 的温度，2 000 lx 左右的光照强度，每天 12 个小时日光灯照射的组织培养室中培养。

2. 方法

（1）天然附加物对丛生芽增殖的影响

以 1/2 MS + TDZ 0.01 mg/L + 6-BA 0.5 mg/L + NAA 0.2 mg/L 为对照组，实验组在对照组的培养基上分别添加马铃薯、香蕉、苹果、芋头各 100 g/L（所有培养基均添加蔗糖 30 g/L、琼脂粉 6.0 g/L，pH 值 5.8，另添加香蕉的培养基中琼脂粉 7.0 g/L）。

在超净工作台上无菌条件下，用消过毒的镊子从铁皮石斛组培苗中选取 1.5 cm 的铁皮石斛组培苗分别接入添加不同天然附加物的各组丛生芽增殖培养基中，每处理 10 瓶，每瓶 5 材料，实验重复 3 次。分别于 30 d、45 d、60 d、75 d 时定期观察丛生芽的生长状况和增殖系数，比较各因素对铁皮石斛丛生芽增殖的影响。

（2）丛生芽增殖的正交实验

选取基础培养基、TDZ、6-BA、NAA 四个因素，每个因素设 4 个水平，留一空列，选用 L_{16}（4^5）正交表（表 7-9）。

表 7-9 丛生芽增殖正交实验设计

| 水平 | 因素 | | | | |
	A 基础培养基	B TDZ（mg/L）	C 6-BA（mg/L）	D NAA（mg/L）	E 空列
1	1/2 MS	0.01	0.5	0.2	1
2	MS	0.05	1.0	0.6	2
3	B5	0.09	2.0	1.0	3
4	N_6	0.13	3.0	1.4	4

在超净工作台上无菌条件下，用消过毒的镊子从铁皮石斛组培苗中选取 1.5 cm 的铁皮石斛组培苗分别接种于正交实验的各组丛生芽增殖培养基中（所有培养基均添加蔗糖 30 g/L、琼脂粉 7.0 g/L、香蕉 100 g/L，pH 值 5.8），每个处理 10 瓶，每瓶 5 个材料。分别于 30 d、45 d、60 d、

75 d 时定期观察丛生芽的生长状况和增殖系数，比较各因素对铁皮石斛丛生芽增殖的影响。

（3）数据统计

$$增殖系数 = （增殖后的丛生芽个数/接种的组培苗个数）× 100\%$$

对有关的实验数据采用 SPSS 18.0 进行直观分析，并在 5% 水平上方差分析是否存在显著性差异。

3. 结果与分析

（1）天然附加物对丛生芽增殖的影响

随着时间增长，丛生芽的增殖系数逐渐增大，分别于 30 d、45 d、60 d、75 d 时观察丛生芽生长状况并统计其增殖系数，结果见表 7-10。随着时间增长，丛生芽不断增加，但 75 d 时由于营养不良出现黄叶，所以丛生芽增殖的最佳时间为 60 d，60 d 时的丛生芽生长状况最好，能进行壮苗生根生长。与对照组相比，添加马铃薯、香蕉、苹果、芋头都能提高组培苗的丛生芽增殖系数，都能使丛生芽生长得更好。添加香蕉的实验组的丛生芽增殖系数最大，为 5.15，且生长状况比对照组和其他实验组更好，所以香蕉对铁皮石斛组培苗增殖丛生芽的影响效果最佳。比较表 7-6 和表 7-10 可知，添加不同附加物的实验中，香蕉对茎段和组培苗增殖丛生芽的影响效果都最佳，且最佳增殖时间都为 60 d，但组培苗的丛生芽增殖系数比茎段的增殖系数小，丛生芽也生长的较弱。

表 7-10　天然附加物对丛生芽增殖的影响

处　理	时间（d）				生长状况
	30	45	60	75	
对照组	2.08	2.64	4.70	4.90	+
香　蕉	2.48	2.72	5.15	5.50	+++
马铃薯	2.52	2.68	5.00	5.32	+++
苹　果	2.12	2.52	4.92	5.00	++
芋　头	2.40	2.76	5.12	5.44	++

注："＋" 表示苗的生长状况，"＋" 越多生长越好。

（2）丛生芽增殖的正交实验

将 1.5 cm 的铁皮石斛组培苗转接到丛生芽增殖培养基中，20 d 左右组培苗的基部开始分生出丛生芽，随着时间增长，丛生芽不断增加，分别在 30 d、45 d、60 d、75 d 时观察丛生芽生长状况并统计其增殖系数，结果见图 7-2。随着时间增长，丛生芽不断增加，组培苗的丛生芽的增殖系数不断增大，但 75 d 时大多实验组由于营养不良出现黄叶，所以铁皮石斛组培苗增殖丛生芽的最佳时间为 60 d，60 d 时的丛生芽生长状况最好，能进行壮苗生根生长，组培苗的最佳增殖时间与茎段的最佳增殖时间相同，都为 60 d。但相同条件下，组培苗增殖的丛生芽比茎段增殖的丛生芽弱，增殖系数也更小，其实验结果与天然附加物对丛生芽增殖影响的单因素实验一致。

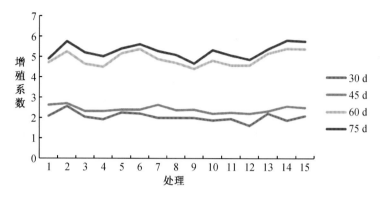

图 7-2　不同时间丛生芽的增殖系数

经过基础培养基、TDZ、6-BA、NAA 四因素四水平 16 个浓度组合的正交实验，得到组培苗的丛生芽增殖系数，对图 7-2 中的 60 d 时的实验结果进行直观分析，结果见表 7-11。基础培养基、TDZ、6-BA、NAA 这四个因素对组培苗增殖丛生芽的影响大小顺序为：基础培养基＞TDZ＞6-BA＞NAA（K 值分析），培养基最佳组合为 $A_4 B_2 C_2 D_2$，即 N_6 + TDZ 0.05 mg/L + 6-BA 1.0 mg/L + NAA 0.6 mg/L。比较表 7-7 和表 7-11 可知，基础培养基、TDZ、6-BA、NAA 这四个因素对茎段和组培苗增殖丛生芽的影响大小顺序都为：基础培养基＞TDZ＞6-BA＞NAA（K 值分析），且最佳基础培养基都为 N_6，最佳 TDZ 和 6-BA 浓度也相同，分别为 0.05 mg/L 和 1.0 mg/L，只有最佳 NAA 浓度不相同。

表 7-11　丛生芽增殖正交实验结果的直观分析

处理	因素					增殖系数
	A 基础培养基	B TDZ（mg/L）	C 6-BA（mg/L）	D NAA（mg/L）	E 空列	
1	1/2 MS	0.01	0.5	0.2	1	4.70
2	1/2 MS	0.05	1.0	0.6	2	5.25
3	1/2 MS	0.09	2.0	1.0	3	4.64
4	1/2 MS	0.13	3.0	1.4	4	4.48
5	MS	0.01	1.0	1.0	4	5.16
6	MS	0.05	0.5	1.4	3	5.36

（续表）

处理	因素					增殖系数
	A 基础培养基	B TDZ（mg/L）	C 6-BA（mg/L）	D NAA（mg/L）	E 空列	
7	MS	0.09	3.0	0.2	2	4.88
8	MS	0.13	2.0	0.6	1	4.68
9	B5	0.01	2.0	1.4	2	4.40
10	B5	0.05	3.0	1.0	1	4.80
11	B5	0.09	0.5	0.6	4	4.55
12	B5	0.13	1.0	0.2	3	4.55
13	N_6	0.01	3.0	0.6	3	5.16
14	N_6	0.05	2.0	0.2	4	5.40
15	N_6	0.09	1.0	1.4	1	5.36
16	N_6	0.13	0.5	1.0	2	4.85
$\overline{K_1}$	4.768	4.855	4.865	4.883	4.885	
$\overline{K_2}$	5.020	5.203	5.080	4.910	4.845	
$\overline{K_3}$	4.575	4.857	4.780	4.863	4.928	
$\overline{K_4}$	5.193	4.640	4.830	4.900	4.898	
R	0.618	0.563	0.300	0.047	0.083	

　　为了进一步探究各个因素对丛生芽增殖的影响程度，对丛生芽增殖的实验结果进行方差分析，结果见表7-12。基础培养基、TDZ、6-BA和NAA这4个因素对组培苗增殖丛生芽的影响大小顺序为：基础培养基＞TDZ＞6-BA＞NAA，且基础培养基、TDZ、6-BA这3个因素对组培苗增殖丛生芽的影响都达到显著水平，而NAA对组培苗增殖丛生芽没有显著性的意义。比较表7-8和表7-12可知，基础培养基、TDZ、6-BA和NAA这4个因素对组培苗增殖丛生芽的影响与茎段增殖丛生芽的影响一致，即基础培养基、TDZ、6-BA和NAA这4个因素对茎段和组培苗增殖丛生芽的影响大小顺序都为：基础培养基＞TDZ＞6-BA＞NAA，且基础培养基、TDZ和6-BA这3个因素对茎段和组培苗增殖丛生芽的影响都达到显著水平，而NAA对茎段和组培苗增殖丛生芽均没有显著性的意义。

　　对组培苗最佳丛生芽增殖培养基进行丛生芽增殖的实验验证，实验操作与丛生芽增殖的正交实验一致，重复3次。得到的实验结果为：最佳增殖时间为60 d，与茎段增殖丛生芽的最佳增殖时间一致，但组培苗丛生芽增殖系数5.95，比茎段的丛生芽增殖系数小，且组培苗诱导的丛生芽要比茎段的丛生芽弱，其实验结果与天然附加物对茎段、组培苗增殖丛生芽影响的单因素实验一致。

表 7-12　丛生芽增殖正交实验结果的方差分析

因素	平方和	自由度	均方	F	$F_{0.05}$	显著性
A（基本培养基）	0.891	3	0.297	63.496	9.280	*
B（TDZ）	0.650	3	0.217	46.326	9.280	*
C（6-BA）	0.210	3	0.070	14.950	9.280	*
D（NAA）	0.005	3	0.002	0.373	9.280	
误差	0.014	3	0.005			

注：$F > F_{0.05}$表示差异显著。

4. 讨论

（1）天然附加物对丛生芽增殖的影响

本节组培苗增殖丛生芽的实验中，对香蕉、马铃薯、苹果、芋头这四种天然附加物进行实验比较，结果表明香蕉为组培苗增殖丛生芽的最佳天然附加物，与天然附加物对茎段增殖丛生芽的影响实验一致。另外从实验可以看出，苹果作为天然附加物与其他天然附加物相比较，可使组培苗增殖的丛生芽长得更高，与苹果使茎段增殖的丛生芽长得更高的结果一致，可以对天然附加物的添加可做进一步探索。

（2）不同因素对丛生芽增殖的影响

铁皮石斛丛生芽的基础培养基的研究中，1/2MS、MS、B5、N_6培养基是经常被用于组织培养的基础培养基，本节研究了四种基础培养基对组培苗增殖丛生芽的影响，结果与茎段增殖丛生芽的实验结果一致，基础培养基对组培苗增殖丛生芽的影响显著，且 N_6 培养基的增殖效果最佳。组培苗的最佳丛生芽增殖时间与茎段增殖丛生芽的最佳时间一致，都为 60 d，60 d 时丛生芽的生长状况最好，能进行壮苗生根生长，75 d 时与茎段增殖丛生芽的实验结果相同，大多实验组的培养基中出现黄叶，这可能是因为培养基的营养消耗，导致不能支持组培苗继续进行营养生长。

组培苗增殖丛生芽的实验中，使用生长素和细胞分裂素的组合（6-BA 和 NAA）的同时，也与茎段增殖丛生芽的正交实验一样引用了另一种植物生长调节剂 TDZ，TDZ 作为一种高效生物调节剂，已被用于石斛的组织培养以及在大豆、烟草等组培中诱导芽的增殖。本节将 TDZ 与 6-BA、NAA 组合使用，结果表明组培苗增殖丛生芽的最佳 TDZ 浓度较低，为 0.05 mg/L，且 TDZ 对组培苗增殖丛生芽的影响具有显著性意义。增殖培养基中的最佳 6-BA 浓度为 1.0 mg/L，且 6-BA 对组培苗增殖丛生芽的影响显著。组培苗增殖丛生芽的最佳 6-BA 浓度与本章茎段增殖丛生芽的最佳 6-BA 浓度一致，与一些茎段增殖丛生芽的研究结果并不一致，这可能是由于本实验中多添加了一种植物生长调节剂 TDZ 的缘故。而 NAA 对组培苗增殖丛生芽也无显著影响，但最佳 NAA 浓度与茎段增殖丛生芽的实验结果并不相同，为 0.6 mg/L，这可能是因为实验材料不同缘故。

（3）2 种丛生芽增殖体系的比较

相对于丛生芽增殖实验常用茎段作为外植体，本节采用组培苗作为材料直接增殖丛生芽，为了进一步扩大增殖系数以及探讨优化组培苗增殖丛生芽的实验条件，实验中同样采用单因素和正交实验的方法对组培苗增殖丛生芽的最佳培养基进行研究。组培苗增殖丛生芽与茎段为外植体增殖丛生芽的实验条件和实验方法一致。比较这 2 种材料对丛生芽增殖的影响，实验结果表明，在相同的培养条件下，茎段增殖丛生芽的增殖系数要比组培苗的增殖系数大，且丛生芽也生长得更壮，这可能是因为茎段诱导腋芽时产生的腋芽分生组织的作用，使得腋芽增殖丛生芽的增殖系数比组培苗的增殖系数大且丛生芽也生长得更壮。但用组培苗增殖丛生芽，比茎段为外植体增殖丛生芽少一个腋芽诱导的步骤，操作更简单，节省了腋芽诱导的时间。

最后对丛生芽进行生根培养，以铁皮石斛种子萌发的正常组培苗为对照组，将茎段、组培苗为材料增殖得到的丛生芽转接到生根培养基中（1/2 MS + 香蕉 60 g/L + 马铃薯 30 g/L + NAA 0.4 mg/L + IBA 0.4 mg/L + 活性炭 1.5 g/L），结果见图 7-3 和图 7-4。45 d、60 d 时茎段、组培苗增殖的丛生芽和对照组的正常组培苗一样颜色翠绿，正常的生根生长，且都生长健壮。说明虽然茎段和组培苗增殖丛生芽有各自的优点和缺点，但这 2 种丛生芽增殖体系都具有可行性，能够为解决铁皮石斛资源缺乏的问题提供可行方案，为铁皮石斛组织培养的应用和工厂化育苗提供科学的依据。

图 7-3　铁皮石斛丛生芽 45 d 时生长状况
注：a 图：实验室铁皮石斛组培苗；b 图：以茎段为外植体增殖的丛生芽；c 图：以组培苗为材料增殖的丛生芽。

图 7-4　铁皮石斛丛生芽 60 d 时生长状况
注：a 图：实验室铁皮石斛组培苗；b 图：以茎段为外植体增殖的丛生芽；c 图：以组培苗为材料增殖的丛生芽。

第四节 稀土元素对铁皮石斛丛生芽诱导的影响

铁皮石斛组培苗出苗率的高低以及移栽存活率的高低是组织培养技术能否应用于工厂化大规模生产的关键。有研究表明，适量的稀土元素能够增加植物体内源激素的含量，从而促进叶绿体膜上 Mg^{2+}-ATPase 活性，使各种酶的活性增强，呼吸作用提高，有效清除组织内的 H_2O_2，从而促进组培苗生物量的增加。稀土元素多用于水生植物的富集和缓解、小麦生长调节，未见其应用于铁皮石斛的组织培养。因此，亟须一种将稀土元素与组织培养相结合的新型培养技术，应用于铁皮石斛集约化生产，以有效增加铁皮石斛组培出苗数量，提高铁皮石斛组培苗炼苗移栽的成活率。

1. 材料与方法

（1）诱导丛生芽培养基配方优化

诱导铁皮石斛丛生芽时，基本培养基选用 1/2 MS 培养基，添加琼脂、白砂糖、活性炭、花宝二号、香蕉汁、土豆汁、硝酸钐配制而成，编号为 $A_1 \sim A_8$。其中，花宝二号、香蕉汁、土豆汁、硝酸钐在培养基中的浓度参见表 7-13 所示，琼脂、白砂糖和活性炭分别添加 7.2 g/L、30 g/L 和 1.5 g/L。每种培养基配制 5 瓶，121℃高压灭菌 20 分钟，冷却后备用。

表 7-13　诱导丛生芽的培养基各成分使用浓度

培养基编号	无机盐	花宝二号（g/L）	香蕉汁（g/L）	土豆汁（g/L）	硝酸钐（mg/L）
A_1	1/2 MS	1	40	50	4
A_2	1/2 MS	1	50	60	10
A_3	1/2 MS	2	60	60	10
A_4	1/2 MS	2	60	80	12
A_5	1/2 MS	3	50	50	4
A_6	1/2 MS	3	40	80	12
A_7	1/2 MS	2	60	50	0
A_8	1/2 MS	1	40	60	0

（2）诱导生根培养基配方优化

诱导生根培养基以 1/2 MS 培养基为基础培养基，同时添加琼脂、白砂糖、活性炭、花宝二号、香蕉汁、土豆汁、硝酸铈配制而成，编号为 $B_1 \sim B_8$。其中，花宝二号、香蕉汁、土豆汁、硝酸铈在培养基中的浓度见表 7-14，琼脂、白砂糖和活性炭分别添加 7.2 g/L、30 g/L 和 1.5 g/L。

诱导生根培养基每种组合配制 5 瓶，121℃高压灭菌 20 分钟，冷却后备用。

表 7-14 诱导生根的培养基各成分使用浓度

培养基编号	无机盐	花宝二号（g/L）	香蕉汁（g/L）	土豆汁（g/L）	硝酸铕（mg/L）
B_1	1/2 MS	1	40	50	4
B_2	1/2 MS	1	50	60	10
B_3	1/2 MS	2	60	60	10
B_4	1/2 MS	2	60	80	12
B_5	1/2 MS	3	50	50	4
B_6	1/2 MS	3	40	80	12
B_7	1/2 MS	2	50	60	0
B_8	1/2 MS	3	60	80	0

（3）培养基配制

首先配制 1/2 MS 基础母液。其次，称取适量琼脂、白砂糖和活性炭，将琼脂倒入煮沸自来水中溶解，再倒入白砂糖和活性炭直至溶解后保温备用。同时，将洗净去皮的香蕉和土豆切成小块，然后放入榨汁机中粉碎，得到的匀浆即为香蕉汁和土豆汁。将母液、花宝二号、琼脂、白砂糖、活性炭、香蕉汁和土豆汁按一定比例定容后，分装到培养瓶，高温灭菌。最后，于超净工作台中，将硝酸钐和硝酸铕分别溶于无菌水，经孔径为 0.22 μm 的过滤灭菌器过滤灭菌，再用移液枪分装到每一瓶灭完菌的培养基中，趁热摇匀。

在配制培养基时，除各种营养元素母液采用蒸馏水配制外，其他组分均可采用自来水进行配制，可以间接简化程序和降低成本。

（4）组培苗接种及培养

在超净工作台中，用经过高温消毒的镊子小心将高约 2 cm 的铁皮石斛组培苗从培养瓶中取出，放置在预先消毒的大培养皿上，挑选出其中长势均一的幼苗，一根根插入到丛生芽诱导培养基中，每瓶接种 15 株，培养的条件为：温度 22～26℃，光照强度 2 000～3 000 lx，光暗交替 16 h/8 h。记录铁皮石斛瓶苗适应新培养基的时间，即瓶苗黄化持续的天数。生长 7 周后，测定组培苗数量。

选取其中长势整齐的组培苗（幼苗高约 3～4 cm），用经过高温消毒的镊子从组培瓶中取出，放在灭过菌的大培养皿上，用预先灭菌的剪刀将缠绕在一起的根剪短，保留 2 cm 左右，再一根根插入到诱导生根培养基中，培养的条件为：温度 22～26℃，光照强度 2 000～2 500 lx，光暗交替 12 h/12 h。记录铁皮石斛瓶苗适应新培养基的时间，并在生长 4 周后，测定组培苗根的数量与直径。

2. 结果与讨论

（1）稀土元素对丛生芽诱导的影响

铁皮石斛幼苗接种到诱导丛生芽的培养基后，3周左右即可观察到丛生芽长出，7周左右幼苗数量明显增多。

由图7-5A可以看出，接种7周后，A_1、A_5和A_6培养基中各有28、26和28株组培苗，A_2～A_4培养基中组培苗的数量均能达到30株以上（含30株），A_7和A_8培养基中组培苗数量较少，分别为21和24株。结果表明，A_1～A_6培养基中组培苗的丛生芽诱导效果优于未添加硝酸钐的A_7和A_8，说明稀土元素硝酸钐有助于诱导丛生芽，增加组培苗数目。其中，A_2和A_3培养基的诱导丛生芽效果最佳，说明硝酸钐的浓度在10 mg/L时，诱导数目最多。

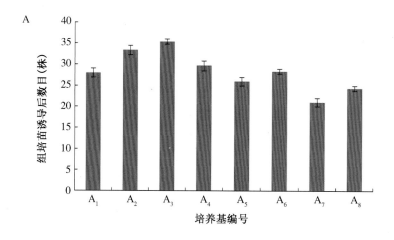

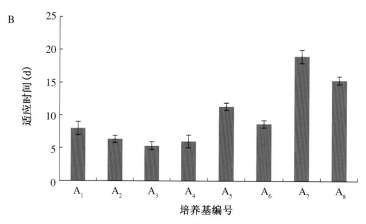

图7-5　稀土元素对铁皮石斛丛生芽诱导的影响

此外，组培苗接种到新配方的培养基中，通常需要一段时间适应新培养基，且在适应期表现出叶片黄化的现象。实验统计了组培苗适应各培养基所需时间，结果显示，添加稀土元素硝酸钐可缩短组培苗对新培养基的适应期（图7-5B）。

（2）稀土元素对生根的影响

组培苗接种到诱导生根培养基后，2周左右截断根部开始再生，同时有不定根生成，4周左右根系粗壮且发达，可达到炼苗出瓶标准。接种4周后，对每一瓶组培苗的根的数量及粗壮程度进行统计，结果见图7-6。

如图7-6A、B所示，培养基B_2、B_3中组培苗的生根数最多（分别为7根和6根）、根直径最

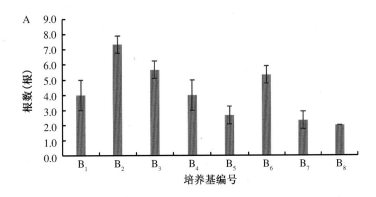

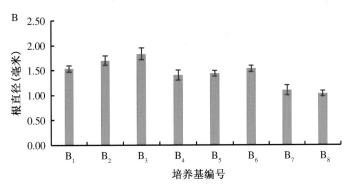

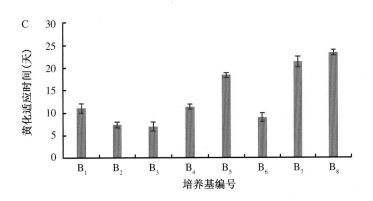

图7-6 稀土元素对铁皮石斛组培苗生根的影响

粗（分别为 1.7 mm 和 1.8 mm）。培养基 B_7 和 B_8 中组培苗生根数最少（均为 2 根）、根直径最细。$B_1 \sim B_6$ 培养基中组培苗的根系发达，生长健壮，生根效果优于 B_7 和 B_8，说明稀土元素硝酸铈有助于根的再生，同时增粗作用明显，其中 B_2 和 B_3 培养基效果最佳，说明浓度为 10 mg/L 的硝酸铈生根作用最明显。另外，统计组培苗对新培养基的适应时间，结果同样显示，稀土元素硝酸铈可缩短组培苗对新培养基的适应期（图 7-6C）。

第八章 铁皮石斛试管开花研究

开花是高等植物在生殖生长阶段普遍存在的现象，如植物生长调节剂、糖浓度、氮/磷比、温度、光照强度、光照时间等影响因素在调控植物开花方面起着重要作用。近年来研究发现，可借助在培养基中添加植物生长调节剂来改变植株内源性激素的含量，进而调控花芽形成和花开放。将植物组织、中间繁殖体和试管苗作为外植体并在体外培养，诱导形成花器官的过程被称为试管开花。

第一节　植物试管开花研究进展

花的发育是一个复杂的生理过程，对兰科植物开花的具体生理过程进行深入研究并阐明其调控机理，将对试管开花的理论研究及实际应用产生重要指导作用。法国的 Julien Costantin 最先展开了对兰花离体开花诱导的研究，他认为在无菌根时有助于开花。随后，王熊等在 1973 年成功建立了建兰的无性繁殖体系，同时发现试管苗存在开花的现象。他还在 1979 年成功地建立了秋兰、春兰快速繁殖体系，使植株从形成至花开放缩短到只要 60 天。通过对前人相关研究结果总结，发现已成功诱导试管开花的兰科植物主要包括：文心兰属（Oncidium）、蝴蝶兰属（Phalaenopsis）、石斛属（Dendrobium）、扇叶兰属（Psygonorchis）。

试管开花主要是基于不同因素对花的形成过程的影响进行研究，探讨其调控机制。常见的影响因素包括植物生长调节剂、光周期、温度、营养条件等。具体研究进展表述如下。

许多研究表明，细胞分裂素在植物生长发育过程中起着不可替代的作用，它不仅能促进试管苗丛生芽及根的形成，而且可诱导花的形成。单独使用细胞分裂素而不添加生长素便可诱导花芽形成。最常用于植物花芽诱导的细胞分裂素是 BA。在金钗石斛（Dendrobium nobile）、细茎石斛（D. moniliforme）等培养基中添加不同浓度的 BA 均能诱导花芽形成。Goh 等对杂种兰花植株的花芽形成及调控机制进行的研究，发现 BA 可促进花芽的诱导形成并促使花芽发育继而形成试管花，这与王熊的研究结果一致。同时，郑丽屏等和 Taylor 等研究结果表明，植株是否能发育成正常的试管花取决于 BA 的用量，浓度较低时可促进正常试管花的形成，浓度较高则会形成畸形试管花。

ZT、2，4-D 也可诱导花芽形成，但其效果远不及 BA。TDZ 具有较强的促进细胞分裂的作用，不仅可诱导丛生芽的增殖分化，还能诱导花芽的分化。朱国冰的研究结果表明 TDZ 不仅可诱导寒兰假球茎上的腋芽形成花芽，而且还能促使花芽提前开放。

单独使用生长素并不能诱导植株开花，反而会抑制花芽形成。同时 Kaur-Sawhxiey 等和 Wang 也认为，生长素使用浓度越高，对植株开花的抑制作用越明显。李璐等在对石斛兰离体开花诱导的研究中得出，生长素不能诱导形成花芽，但 BA、NAA 协同使用却能诱导花芽的形成，这与王再花等的研究结果一致。

Kostenyuk 等认为，高浓度的 GA 可以延缓花芽的形成，而多效唑（抗 GA 剂）具有抑制细胞分裂素对花芽的诱导作用。

植株生长过程的逆境胁迫作用也对试管成花产生影响，郑立明等研究发现在兰花杂交种的培养基中添加 ABA 能有效地提高花芽诱导率。王光远等研究发现，若将铁皮石斛原球茎经适宜浓度的 ABA 预处理后，再移至含 BA 的培养基中，即可获得较高的成花率。在某些情况下，乙烯可促进植株试管内开花，王再花等对细茎石斛试管开花的研究结果表明，乙烯能有效地促进植株诱导花芽的形成及分化。

诸多研究表明，日照长度对多种植物的试管成花诱导均有一定程度的影响，多种兰花植物都存在光周期现象，适宜的光照可以促使这些植株开花。但一些研究认为光周期并不是诱导试管开花的决定性因素，杨娜等研究认为，光照可对试管内苗株的生长、发育产生直接或间接的影响。

温度也可通过影响植物从营养生长到生殖生长的转变进程来影响试管开花。不少植物必须经适宜的低温处理之后，才可诱导出花芽，而有些植物必须适宜的高温处理才可诱导出花芽。在有关温度对试管内成花诱导的诸多实验研究中，低温的影响作用研究的较为透彻，低温一方面可以抑制植株的营养生长，促进其生殖生长，进而促进试管开花，另一方面低温加速花芽的分化，促进其发育，从而能提高花芽诱导率。温度对试管内成花过程的影响是复杂的内源激素调控的过程，其可通过与适宜的环境条件、培养基中营养成分等的协同作用，共同促进花芽的形成，但往往不是试管开花的决定性影响因素。

Socrza 的报道认为，糖和植株的试管开花相关。糖类不仅为植物生长提供所需的碳源，还可调节培养基中的渗透压，改善植株生长环境。添加糖的种类及浓度的高低是影响植株试管成花的关键因素之一。王光远等对铁皮石斛试管开花进行研究，认为添加适宜浓度的葡萄糖，可促进花芽的诱导，且花开放率升高，这表明适宜浓度的葡萄糖和植物激素相结合可用于植株花芽的诱导形成。据报道在研究荞麦、龙胆、建兰与寒兰杂交种等植物的离体开花时发现，在一定的范围内，糖浓度越高，花开放率越高，但过高也将抑制植株开花。

在有关试管开花的研究中，不但糖类对植株离体开花有重要作用，而且培养基中的各种营养物质比例大小也对花芽的形成有较大的影响。培养基中的磷、氮浓度及铵态氮、硝态氮比值的大小均会对植物试管花的形成过程产生影响。Duan 和 Yazawa 的研究结果表明，高浓度的铵态氮、低浓度的硝态氮有利于试管内花芽形成。

椰子汁、香蕉汁、马铃薯汁、西红柿汁等常作为附加成分添加到调节植株生长的培养基中，这些附加成分中可能含有生长调节类物质，不但能促进植物快速生长，而且对离体开花也有明显的促进作用。赖氨酸、高铁氰化物等多胺类物质均具有促进植株试管成花的作用，但这些附加物在石斛属的试管开花研究中则作用不明显，不能有效的诱导花芽的形成。

在诱导植物试管开花的研究中发现，花芽的形成及开放并不需要完整的植株。Kostenyuk 等对开花诱导的研究结果表明，在植株根系完整时不仅没有促进植株花芽形成，反而延迟了试管开花时间，且花开放率下降，其原因可能是根的存在使植物处于营养生长状态，抑制植株进入生殖生长状态，使其对激素刺激反应迟钝，从而抑制成花过程。很多研究报道认为试管苗根系会抑制花芽的形成。适当的修剪根系可以促进植株由营养生长转向生殖生长，提前开花，原因可能是根在修剪后减少，使根部产生的抑制开花的物质也减少，进而促进开花。

第二节　铁皮石斛试管开花研究实例

本节研究以 2～3 cm 的铁皮石斛无根试管苗为实验材料，通过单因素实验、多因素正交实验并首次结合低温诱导处理实验，对诱导植株试管内花芽形成的方案进行进一步的优化，着重于提高花芽形成率、花开放率，为进一步建立铁皮石斛快繁体系，缩短筛选优质品种育种周期奠定基础。

1. 材料及材料处理

供试材料为采自云南的铁皮石斛种子萌发诱导所得的无根试管苗，实验材料由丁小余教授鉴定。培养条件：MS＋NAA 0.4 mg/L＋BA 0.4 mg/L，附加蔗糖 30 g/L、马铃薯 100 g/L、琼脂 7 g/L，pH 6.0，温度（25±2）℃，光照强度 2 000 lx，光照 12 h/d。铁皮石斛试管苗在上述培养基中培养 2 个月后，选取长势一致 2～3 cm 左右，茎秆粗壮的试管苗进行去根处理。

2. 方法

根据影响铁皮石斛无根试管苗花芽形成因素的不同，实验分为单因素处理、多因素正交处理以及低温诱导处理实验 3 个部分。分别用约 2～3 cm 铁皮石斛无根试管苗进行上述处理，每组处理 5 瓶，每瓶接种 8 株，重复 3 次。培养条件为：1/2 MS 培养基，附加蔗糖 30 g/L、马铃薯 100 g/L、琼脂 7 g/L，pH 6.0，温度 24℃，光照强度 2 000 lx，光照 12 h/d。在接种培养 30 d 后，统计花芽形成及开花情况，统计周期为 120 d。

（1）单因素处理

选用不同浓度的 BA、NAA、PP$_{333}$、TDZ 4 种激素对铁皮石斛无根试管苗进行花芽诱导实验。实验设计如表 8-1。

表8-1　单因素实验设计

因素	BA	NAA + BA	PP$_{333}$ + NAA	TDZ + NAA
浓度（mg/L）	0.00	0.00 + 4.00	0.00 + 0.20	0.00 + 0.20
	2.00	0.10 + 4.00	0.20 + 0.20	0.02 + 0.20
	3.00	0.20 + 4.00	0.40 + 0.20	0.04 + 0.20
	4.00	0.30 + 4.00	0.60 + 0.20	0.06 + 0.20
	5.00	—	—	—

注：基本培养基均为 1/2 MS。NAA 激素处理中，均添加 BA 4.00 mg/L；PP$_{333}$、TDZ 激素处理中，均添加 NAA 0.20 mg/L。

（2）多因素正交组合处理

根据单因素实验结果，设计四因素三水平的正交实验 L$_9$（3^4），共9个处理组合，探究不同浓度配比下的多因素组合对铁皮石斛花芽诱导的影响。实验设计如表8-2。

表8-2　多因素对铁皮石斛花芽诱导的正交实验设计

水平	因素			
	A NAA（mg/L）	B BA（mg/L）	C TDZ（mg/L）	D PP$_{333}$（mg/L）
1	0.10	3.00	0.02	0.20
2	0.20	4.00	0.04	0.40
3	0.30	5.00	0.06	0.60

注：基本培养基均为 1/2 MS。

（3）低温诱导处理

经正交设计实验获得花芽诱导最优激素组合，并重新接种长势良好的 2～3 cm 铁皮石斛无根试管苗，分别在 15℃、20℃ 低温条件下各培养 15 d、30 d、45 d，并以常温持续处理组作为对照，探究不同低温处理对无根试管苗花芽形成的影响。实验设计见表8-6。

（4）实验结果统计

显芽期：自接种后至第一个花芽形成的时期；

显花期：自接种后至第一朵花形成的时期；

统计公式为：

$$花芽形成率（\%）=（形成花芽株数/培养株数）\times100\%$$

$$花开放率（\%）=（开放花朵数/总花芽数）\times100\%$$

对有关的实验数据采用 SPSSver.18.0 软件进行统计分析，并用 LSD 检验检测不同处理间的显芽期、显花期、花芽形成率及花开放率在 5% 水平上是否存在显著性差异。

3. 结果与分析

（1）单因素处理实验

① 不同浓度的 BA 对铁皮石斛花芽形成的影响

以铁皮石斛长势良好的 2～3 cm 无根试管苗为实验材料，比较了不同 BA 浓度对试管苗花芽诱导的影响。由表 8-3 可知，在 BA 浓度为 0.00～5.00 mg/L（M_1～M_5）梯度范围内，花芽形成率及花开放率均较低，花芽形成率随浓度的升高呈先上升后下降的趋势，在处理组 M_4（BA 为 4.00 mg/L）达到最高，为 24.33%，花开放率为 7.63%，在接种后第 47 d 花芽开始出现，在接种后第 98 d 花蕾开始开放。BA 浓度对花芽形成的时间没有显著影响，但处理组 M_4、M_5 与处理组 M_3 相比较，花开放时间提前，花期延长并达到了显著水平。在含不同浓度 BA 的处理组（M_2～M_5）与不含 BA 的对照组（M_1）相比较，花芽形成率均达到显著水平，BA 对铁皮石斛花芽的形成有显著效应。据实验观察，加入 BA 的处理中，花芽多由接种试管苗的顶端生长点直接分枝形成，且大部分花芽在形成后不久就枯萎，形成的花多畸形，花器官不完整，无可育性，植株弱小，有褐化现象。此外，BA 诱导形成的花多为顶生单花。

表 8-3　BA 对铁皮石斛花芽形成的影响

处理编号	BA 浓度 （mg/L）	显芽期 （d）	显花期 （d）	花期 （d）	花芽形成率 （% ± SE）	花开放率 （% ± SE）
M_1	0.00	—	—	—	0.00 ± 0.00 e	0.00 ± 0.00 d
M_2	2.00	49.55 a	—	—	8.38 ± 1.04 d	0.00 ± 0.00 d
M_3	3.00	48.63 a	102.43 a	15.77 b	16.72 ± 1.40 b	5.57 ± 0.87 b
M_4	4.00	47.52 a	98.34 b	23.68 a	24.33 ± 2.22 a	7.63 ± 1.57 a
M_5	5.00	48.21 a	98.75 b	24.61 a	10.13 ± 1.77 c	3.38 ± 2.04 c

注：M_1 为对照组。 表中数据均为均值，用 LSD 检验。 小写字母表示在 5% 水平上的差异显著性。

② 不同浓度的 NAA 对铁皮石斛花芽形成的影响

以铁皮石斛长势良好的 2～3 cm 无根试管苗为实验材料，比较了不同 NAA 浓度对试管苗花芽诱导的影响。实验结果如图 8-1 所示。

在 NAA 浓度为 0.00～0.30 mg/L 梯度范围内，花芽形成率随浓度的升高呈先上升后下降的趋势，在处理组 M_8（NAA 为 0.20 mg/L）花芽形成率、花开放率达到最高，分别为 35.47%、12.63%。NAA 浓度为 0.00 mg/L 的对照组即 BA 浓度为 4.00 mg/L 时，花芽形成率、花开放率分别为 24.01%、7.21%，与表 8-3 中结果相符。经不同浓度 NAA 处理之后，花芽在接种后第 43 d 开始出现，在接种后第 97 d 花蕾开始开放。NAA 浓度对花芽形成的时间有显著影响，当 NAA 为 0.20 mg/L 时，花芽形成时间明显提前并达到了显著水平；当 NAA 达到 0.30 mg/L 时，花开放时间延迟，花期缩短并达到了显著水平。由此可见，NAA 对铁皮石斛花芽形成具有一定的效应。据实验观察，加入 NAA 的处理中，花芽多由接种的试管苗茎节处的大量侧芽直接分枝形成，植株长势良好，不定根较多，形成的花器官完整，具有可育性，畸形花较少。此外，NAA 诱导形成的花多为顶生单花，个别顶生两朵花（图 8-4c）。

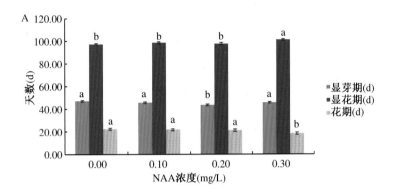

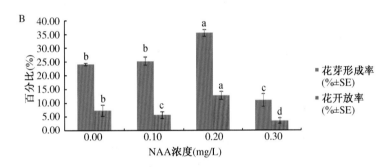

图 8-1　NAA 对铁皮石斛花芽形成的影响

注：BA 浓度为 4.00 mg/L。图中数据均为均值，用 LSD 检验。小写字母表示在 5% 水平上的差异显著性。

③ 不同浓度的 PP_{333} 对铁皮石斛花芽形成的影响

以铁皮石斛长势良好的 2～3 cm 无根试管苗为实验材料，比较了不同 PP_{333} 浓度对试管苗花芽诱导的影响。

实验结果如图 8-2 所示。在 PP_{333} 浓度为 0.00～0.60 mg/L 梯度范围内，花芽形成率随浓度的提高呈先上升后下降的趋势，PP_{333} 浓度为 0.00 mg/L 的对照组，即 NAA 浓度为 0.20 mg/L 时，其花芽形成率、花开放率均为 0，表明单独使用 NAA 不能诱导花芽的形成。在 PP_{333} 为 0.40 mg/L 时，花芽形成率、花开放率达到最高，分别为 50.29%、15.33%。经不同浓度 PP_{333} 处理之后，花芽在接种后第 40 d 开始出现，在接种后第 94 d 花蕾开始开放。含不同浓度 PP_{333} 的处理组与不含 PP_{333} 的对照组相比较，花芽形成率及花开放率均达到显著水平。由此可见，PP_{333} 对铁皮石斛花芽的形成有显著效应。据实验观察，加入 PP_{333} 的处理中，开花的植株是接种的试管苗基部萌发的丛生芽形成的新植株，植株长势良好，节间较短，花形态变化较大，花器官完整，具有可育性，畸

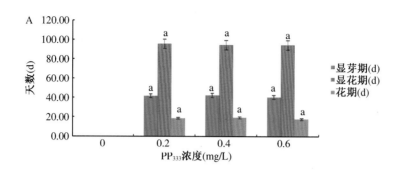

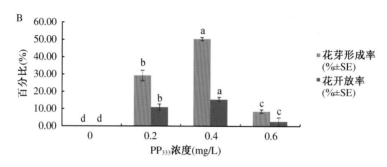

图 8-2　PP₃₃₃对铁皮石斛花芽形成的影响

注：NAA 浓度为 0.20 mg/L。图中数据均为均值，用 LSD 检验。小写字母表示在 5% 水平上的差异显著性。

形花较多。此外，PP₃₃₃诱导形成的花多为顶生单花。

④ 不同浓度的 TDZ 对铁皮石斛花芽形成的影响

以铁皮石斛长势良好的 2～3 cm 无根试管苗为实验材料，比较了不同 TDZ 浓度对试管苗花芽诱导的影响。实验结果如图 8-3 所示。

经不同浓度 TDZ 处理之后，花芽在接种后第 37 d 开始出现，在接种后第 90 d 花蕾开始开放。TDZ 浓度对花芽形成的时间、花开放时间及花期无显著影响。在 TDZ 浓度为 0.00～0.06 mg/L 梯度范围内，花芽形成率随浓度的提高呈先上升后下降的趋势。在 TDZ 为 0.04 mg/L 时花芽形成率、花开放率达到最高，分别为 68.63%、30.33%。由此可见，TDZ 对铁皮石斛花芽形成有显著效应。据实验观察，加入低浓度 TDZ（0.02 mg/L）的处理中，花芽多由试管苗顶端生长点分枝形成的，为顶生单花，形成的花朵花器官完整、可育，畸形花较少，植株生长良好（图 8-4a）。加入高浓度 TDZ（0.06 mg/L）的处理中，花芽多由试管苗茎节处的大量侧芽直接分枝形成的，为总状花序，植株较弱小，叶基部有褐化现象，几乎不生根，花朵较小，花器官不完整，无可育性，畸形花较多（图8-4b）。

（2）多因素正交组合处理实验

以铁皮石斛长势良好的 2～3 cm 无根试管苗为实验材料，比较了不同正交组合处理对试管苗

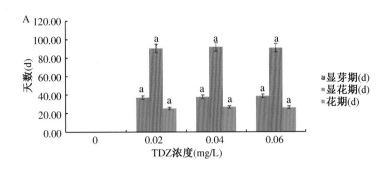

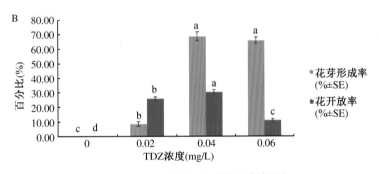

图 8-3　TDZ 对铁皮石斛花芽形成的影响

注：NAA 浓度为 0.20 mg/L。图中数据均为均值，用 LSD 检验。小写字母表示在 5% 水平上的差异显著性。

花芽诱导的影响。

由正交实验结果可知，在 BA、NAA、PP$_{333}$ 和 TDZ 协同作用下，花芽在接种后 30 d 左右出现，在接种后 85 d 左右花蕾开始开放，花期为 32 d 左右。4 种激素自由组合形成的 9 种处理浓度对铁皮石斛的花芽形成时间、花开放时间及花期无显著影响，但对花芽形成率、花开放率的影响显著，花芽形成率、花开放率分别达到 84% 以上、50% 以上，且每株上的花蕾数也明显增多，花开放率也显著提高。由表 8-4 可知，各因素对花芽形成率的影响为：TDZ＞PP$_{333}$＞BA＞NAA（极差分析），且由表 8-5 中方差分析结果可知，TDZ、PP$_{333}$ 对花芽形成率的影响达到显著水平。从各因素水平对花芽形成的影响来看（K 值分析），NAA 为 $\overline{K_1}＞\overline{K_3}＞\overline{K_2}$，BA 为 $\overline{K_3}＞\overline{K_2}＞\overline{K_1}$，TDZ 为 $\overline{K_2}＞\overline{K_3}＞\overline{K_1}$，PP$_{333}$ 为 $\overline{K_2}＞\overline{K_3}＞\overline{K_1}$，根据以上影响大小的直观分析结果，正交实验优化方案为 A$_1$B$_3$C$_2$D$_2$，即处理组 M$_{11}$（NAA 0.1 mg/L + BA 5.0 mg/L + TDZ 0.04 mg/L + PP$_{333}$ 0.4 mg/L），诱导花芽形成率最高，但部分花芽枯萎脱落，形成的花朵较小，畸形较多。处理组 M$_9$（NAA 0.2 mg/L + BA 3.0 mg/L + TDZ 0.06 mg/L + PP$_{333}$ 0.4 mg/L）诱导花芽形成率为 90.79%，花开放率达到最高为 75.68%，且植株长势良好，每株上的花蕾数较多，形成的花朵较大，畸形花较少，花器官完整。因此，处理组 M$_9$ 为激素诱导花芽形成的最优组合。此外，正交激素组合处理诱导的花均为总状花序。

表 8-4　多因素正交实验对铁皮石斛花芽诱导的影响

处理编号	A NAA（mg/L）	B BA（mg/L）	C TDZ（mg/L）	D PP333（mg/L）	花芽形成率 （%±SE）	花开放率 （%±SE）
M6	0.1	3	0.02	0.20	84.53±1.57 e	62.26±1.87 e
M7	0.2	4	0.04	0.20	89.70±2.10 d	66.28±2.01 d
M8	0.3	5	0.06	0.20	90.06±0.66 c	53.75±2.30 f
M9	0.2	3	0.06	0.40	90.79±0.96 c	75.68±2.02 a
M10	0.3	4	0.02	0.40	87.36±2.37 d	50.52±1.79 g
M11	0.1	5	0.04	0.40	94.68±2.24 a	60.35±1.87 e
M12	0.3	3	0.04	0.60	92.45±1.28 b	54.74±2.02 f
M13	0.1	4	0.06	0.60	93.89±1.94 ab	69.07±3.13 c
M14	0.2	5	0.02	0.60	88.73±2.23 d	72.86±2.31 b
$\overline{K_1}$	91.03	89.26	86.87	88.10		
$\overline{K_2}$	89.74	90.32	92.28	91.69		
$\overline{K_3}$	89.96	91.16	91.58	90.94		
R	1.29	1.90	5.41	3.59		
主次顺序			C＞D＞B＞A			

注：基本培养基为 1/2 MS。表中数据均为均值，用 LSD 检验。同列不同小写字母表示 5% 水平上差异显著。

表 8-5　花芽诱导形成的方差分析表

因素	平方和	自由度	均方	F	$F_{0.05}$	显著性
A（NAA）	17.70	2	8.85	4.31	19.00	
B（BA）	33.46	2	16.73	8.15	19.00	
C（TDZ）	318.78	2	159.39	77.75	19.00	*
D（PP333）	132.68	2	66.34	32.36	19.00	*
误差	36.90	18	2.05			

注：$F ＞ F_{0.05}$ 表示差异显著。

（3）低温诱导处理实验

将铁皮石斛长势良好的 2～3 cm 无根试管苗接种于含正交实验设计最优激素组合（M9）的 1/2 MS 培养基中，比较不同低温处理对试管苗花芽诱导的影响。实验结果如表 8-6 所示。

表 8-6　不同低温处理对铁皮石斛花芽形成的影响

处理编号	温度 (℃)	处理天数 (d)	显芽期 (d)	显花期 (d)	花期 (d)	花芽形成率 (%±SE)	花开放率 (%±SE)
M₁₅	24	持续处理	32.67 a	86.78 a	34.52 a	90.79±1.96 c	75.68±2.02 b
M₁₆	15	15	30.67 b	84.85 b	27.51 c	80.57±2.24 f	65.72±2.48 e
M₁₇		30	29.52 b	83.32 b	27.63 c	85.62±1.79 e	58.83±1.83 f
M₁₈		45	29.77 b	83.65 b	27.45 c	87.43±2.84 d	50.69±2.07 g
M₁₉	20	15	28.89 b	83.74 b	30.78 b	95.76±2.08 b	73.57±1.39 c
M₂₀		30	27.23 c	81.49 c	31.14 b	100.00±0.00 a	80.69±1.44 a
M₂₁		45	28.29 b	83.93 b	31.27 b	97.63±1.08 ab	68.33±2.89 d

注：基本培养基均为 1/2 MS，激素组合为：NAA 0.20 mg/L + BA 3.00 mg/L + TDZ 0.06 mg/L + PP₃₃₃ 0.40 mg/L，即处理组 M₉。表中数据均为均值，用 LSD 检验。小写字母表示在 5% 水平上的差异显著性。

图 8-4　不同诱导处理对铁皮石斛试管开花的影响

注：a 图：低浓度 TDZ（0.02 mg/L）处理诱导的花芽多为顶生单花，形成的花朵花器官完整，畸形花较少；b 图：高浓度 TDZ（0.06 mg/L）处理诱导的花芽为总状花序，花朵较小，花器官不完整，畸形花较多；c 图：BA、NAA 协同作用促进开花，形成的花朵少，花器官完整，多为顶生单花，个别顶生两朵花；d 图：多因素正交组合处理，经 20℃ 低温处理 30 d 后形成的花芽多为总状花序，形成的花朵较大，花器官完整。

经 15℃、20℃ 低温处理后，花芽分别在接种后第 29 d、第 27 d 开始出现，花蕾分别在接种后第 83 d、第 81 d 开始开放，较常温处理明显提前并达到显著水平。处理组 M₂₀ 即经 20℃ 低温处理 30 d 后，花芽形成的时间、花开放时间及花芽形成率、花开放率均达到最佳水平，花芽诱导率、花开放率最高分别可达 100%、80.69%，实验结果较理想。在 15℃ 低温不同处理下的花器官仍完整，具有可育性，无畸形现象且花芽形成时间较对照组 M₁₅ 明显提前 2 d，但花芽诱导率、花开放率均下降。经 20℃ 低温处理 30 d 后，花芽形成时间与对照组 M₁₅ 相比提前了 5 d 且植株长势良好，每株上的花芽数显著增加，为总状花序，形成的花朵较大，花器官完整、可育。由此可见，适宜的低温处理可促进铁皮石斛植株成花（图8-4d）。

4. 讨论

（1）单因素处理对试管开花的影响

目前对兰科石斛属的试管开花诱导已有了一定的研究，成功诱导试管开花的有：细茎石斛、春石斛、金钗石斛、*Dendrobium* Madame Thong-In、*Dendrobium* Sonia17等，但这些研究结果欠佳，花开放率偏低，且绝大部分不久就出现花芽败育、畸形发育等不正常现象。本研究着重于提高铁皮石斛花芽形成率、花开放率并降低花芽败育率。在石斛属植物成花诱导中，使用最多的是BA，Bichsel和Rebecca的研究表明，单加BA或BA与NAA配合使用，可在常温下诱导春石斛开花。在本研究中，单加BA对铁皮石斛花芽形成的效果不明显，BA与NAA配合使用后花芽形成率、花开放率与单加BA相比均有明显提高，但仍达不到理想效果。当NAA浓度为0.2 mg/L时可明显促进花芽形成，但当NAA浓度为0.3 mg/L时，花芽形成率明显下降，说明NAA在一定浓度范围内可以促进花芽的形成，但NAA浓度过高时则抑制花芽的形成。在金钗石斛的离体培养过程中，TDZ、PP$_{333}$是除BA外使用较多的成花诱导激素，能显著促进金钗石斛开花。在本研究中，TDZ、PP$_{333}$对铁皮石斛花芽的形成具有显著效应，且TDZ的使用浓度明显低于其余3种激素浓度，说明TDZ的活性明显高于其余激素的活性。经高浓度的TDZ（0.06 mg/L）处理后形成的花芽较小，培养一段时间后逐渐枯萎，且植株明显矮化，叶基部有褐化现象，几乎不生根，这可能与TDZ、NAA协同促进芽分化，抑制根生长的作用有关，这与Kostenyuk等的研究结果一致。

（2）多因素处理对试管开花的影响

目前研究结果表明，多因素组合处理形成的花芽数目与单因素（PP$_{333}$或TDZ）处理相比明显提高，正常花的数目也有明显增加，但多因素组合中适宜的浓度配比还需进一步探讨。故本节在单因素研究的基础上设计了多因素正交实验，初步探讨了各因素对花芽形成的影响程度及诱导花芽形成的最佳激素配比，结果表明具有适宜浓度配比的TDZ、PP$_{333}$、BA和NAA共同作用可明显提高花芽形成率及花开放率，同时还说明激素的种类和浓度对花芽形成时间、花开放时间、花期、花朵性状均有不同程度的影响。Clarke等研究表明，花的开放受培养条件等多种交叉途径的控制，不同的刺激可诱导不同的成花基因启动，这也与本节的研究结果相符合。正交组合处理与单因素处理相比花芽形成率显著提高，可能是由于TDZ、BA、NAA均有促进植株营养生长的作用，而PP$_{333}$则有延缓植株营养生长的作用，在四种激素的综合相互作用及合理配比的前提下，促进了花芽的形成及花开放。

（3）低温诱导处理对试管开花的影响

低温诱导实验中，正交处理经15℃低温处理后形成的花朵花器官完整，但花芽形成率及花开放率均下降，这可能是由于温度过低严重影响了植株的营养生长，生殖生长也受到了抑制。正交组合处理经 20℃ 适宜的低温处理后，花开放时间明显提前，花芽形成率可达 100%，这说明多种激素在合理配比的前提下经适宜的低温诱导可以显著提高花芽形成率。低温对铁皮石斛花芽诱导的影响，可能是通过改变内源激素含量而起到调节作用。同时，本节还研究了在无激素诱导条件下，低温对铁皮石斛离体花芽形成的影响，结果表明仅在 15、20℃ 低温条件下并不能诱导花芽形成，说明仅低温处理诱导铁皮石斛组培苗花芽形成的可能性极小。这几种激素因子参与调控铁皮石斛试管内花芽诱导的机理有待进一步研究，至于低温是与激素因子协同作用而促进花芽形成，还是通过抑制其营养生长而促进成花，这些机理也需进一步探讨。总之，花芽的形成同时受外界因素和内部条件的共同调控，是一个复杂的生理过程。

第九章 铁皮石斛简化组培体系

现有的以种子作为外植体培养组培苗的组织培养过程包括种子的萌发、原球茎的增殖、原球茎的分化、组培苗的壮苗以及生根这几个步骤，但因为具有多步实验，组培苗培育过程中要进行多次转瓶，且生长周期长，实验操作烦琐。组织培养过程中也存在许多问题，比如转瓶时的人工操作容易造成污染，组培苗在适应新的培养基时需要时间，甚至出现黄化的现象，以及转苗不及时会导致组培苗从营养生长转为生殖生长等。为了解决这些存在于组织培养中的问题，本章采用一步成苗法和两步成苗法，对影响组织培养的多种因素进行研究，优化组培苗的培养条件和步骤，以达到减少实验步骤、缩减培养时间、扩大种源供应的效果。

1. 材料及培养条件

选用采自云南成熟的未开裂的铁皮石斛蒴果，挑选生长良好且质量一致的种子进行实验。培养条件：所有材料均放置于25℃的温度，2 000 lx 左右的光照强度，每天12个小时日光灯照射的组织培养室中培养。

2. 方法

（1）铁皮石斛组培苗的一步成苗法

① 一步成苗法的正交实验

选取基础培养基、6-BA、NAA、天然附加物4个因素，每个因素取4个水平，留一空列，选用 L_{16}（4^5）正交表，因素水平安排见表9-1。

表9-1 一步成苗法正交实验设计

水平	因素				
	A 基础培养基	B 6-BA（mg/L）	C NAA（mg/L）	D 天然附加物	E 空列
1	1/2 MS	0	0	芋 头	1
2	MS	0.1	0.3	马铃薯	2
3	B5	0.3	0.5	香 蕉	3
4	N_6	0.5	0.7	椰 子	4

在超净工作台上无菌条件下，将生长良好且质量一致的铁皮石斛种子先浸泡于0.5%的次氯酸钠溶液消毒15 min后，再浸泡在75%乙醇中5 min，最后在无菌水中冲洗2次。然后用消过毒的解剖刀将铁皮石斛的种子剖开，将种子分别接种于正交实验各组成苗培养基中（所有培养基均添加蔗糖30 g/L、琼脂粉7.0 g/L、活性炭2 g/L，pH值5.8），每组处理接种5瓶。按期察看种子的生长状况，并在90 d时统计苗高，比较各因素对铁皮石斛种子萌发为幼苗的影响。此实验中特别要注意的是种子的接入量，要接入少许种子，一旦在培养基中接入大量种子，原球茎无法在不转瓶的情况下分化成幼苗，因为培养基的营养不够，无法支持原球茎分化。如果原球茎生长过多

要进行转瓶，转入少量原球茎到培养基中分化幼苗。最后对取得正交实验结果分析的最优实验组合进行实验验证。

② 壮苗的正交实验

选取基础培养基、6-BA、NAA、天然附加物4个因素，每个因素4个水平，留一空列，选择 L_{16} （4^5）正交表，因素水平安排见表9-2。

表9-2　壮苗正交实验设计

水平	因素				
	A 基础培养基	B 6-BA（mg/L）	C NAA（mg/L）	D 天然附加物	E 空列
1	1/2MS	0	0	芋 头	1
2	MS	0.5	0.5	马铃薯	2
3	B5	1.0	1.0	香 蕉	3
4	N6	1.5	1.5	椰 子	4

将选取好的2 cm铁皮石斛幼苗在超净台上分别接入正交实验的各组壮苗培养基中（所有培养基均添加蔗糖30 g/L、琼脂粉7.0 g/L、活性炭3 g/L，pH 5.8），幼苗成簇状接种于各组培养基上，每组处理接种5瓶。按期察看幼苗的生长状况，并在60 d时统计苗高，比较各因素对铁皮石斛幼苗壮苗的影响。

（2）铁皮石斛组培苗的两步成苗法

① 原球茎的萌发

在超净工作台上无菌条件下，将生长良好且质量一致的铁皮石斛种子先浸泡于0.5%的次氯酸钠溶液消毒15 min后，再在75%乙醇中浸泡5 min，最后在无菌水中冲洗2次。然后用消过毒的解剖刀将铁皮石斛的种子剖开，将种子分别接种于各组含有不同天然附加物的原球茎萌发培养基中，实验以1/2MS和MS培养基为对照组，实验组在对照组的培养基中分别加入芋头、马铃薯、椰子、香蕉各100 g/L（所有培养基均添加蔗糖30 g/L、琼脂粉6.0 g/L，pH值5.8，添加香蕉的培养基中琼脂粉7.0 g/L），实验安排见表9-3，每组处理接种5瓶。按期观察原球茎的生长状况，并在60 d左右时统计原球茎大小、萌发率和生长状况，比较各因素对铁皮石斛原球茎萌发的影响。

② 原球茎的增殖分化

无菌条件下，将从1/2MS、MS中选取好的良好且生长状况一致的原球茎分别接种到各组增殖分化培养基中，1/2MS基础培养基中选出的原球茎转入1/2MS培养基中，MS基础培养基中选出的原球茎转入MS培养基中，原球茎需均匀接种于各组培养基中。实验以1/2MS＋马铃薯100 g/L＋香蕉100 g/L和MS＋马铃薯100 g/L＋香蕉100 g/L为对照组，实验组在对照组培养基中分别添加 0.2 mg/L、0.5 mg/L、0.8 mg/L 的 6-BA，实验安排见表 9-4（所有培养基均添加蔗糖30 g/L、琼脂粉 7.0 g/L，pH 值 5.8）。每组处理接种 5 瓶。定期观察组培苗的生长状况，60 d 左右时统计组培苗的大小和生长状况，比较各因素对铁皮石斛原球茎增殖分化的影响。

表 9-3　原球茎萌发单因素实验设计

实验号	培养基
1	1/2 MS
2	1/2 MS + 芋头 100 g/L
3	1/2 MS + 马铃薯 100 g/L
4	1/2 MS + 椰子 100 g/L
5	1/2 MS + 香蕉 100 g/L
6	MS
7	MS + 芋头 100 g/L
8	MS + 马铃薯 100 g/L
9	MS + 椰子 100 g/L
10	MS + 香蕉 100 g/L

表 9-4　原球茎增殖分化单因素实验设计

实验号	培养基
1	1/2 MS + 马铃薯 100 g/L + 香蕉 100 g/L
2	1/2 MS + 马铃薯 100 g/L + 香蕉 100 g/L + 6-BA 0.2 mg/L
3	1/2 MS + 马铃薯 100 g/L + 香蕉 100 g/L + 6-BA 0.5mg/L
4	1/2 MS + 马铃薯 100 g/L + 香蕉 100 g/L + 6-BA 0.8 mg/L
5	MS + 马铃薯 100 g/L + 香蕉 100 g/L
6	MS + 马铃薯 100 g/L + 香蕉 100 g/L + 6-BA 0.2 mg/L
7	MS + 马铃薯 100 g/L + 香蕉 100 g/L + 6-BA 0.5 mg/L
8	MS + 马铃薯 100 g/L + 香蕉 100 g/L + 6-BA 0.8 mg/L

③ 组培苗的壮苗生根

无菌条件下，选取 1/2 MS、MS 中生长良好且长势一致的小苗，成簇状分别转入各组壮苗生根培养基中。实验以 1/2 MS + 马铃薯 100 g/L + 香蕉 100 g/L + 芋头 100 g/L 和 MS + 马铃薯100 g/L + 香蕉 100 g/L + 芋头 100 g/L 为对照组，实验组在对照组培养基的基础上分别加入 0.2

mg/L、0.5 mg/L、0.8 mg/L 的 NAA，实验安排见表 9-5（所有培养基均添加蔗糖 30 g/L、琼脂粉 7.0 g/L，pH 值 5.8）。每组处理接种 5 瓶。定期观察组培苗的生长状况，45 d、60 d 左右时统计组培苗的苗高，比较基本培养基及 NAA 对铁皮石斛组培苗壮苗生根的影响。

表 9-5　壮苗生根单因素实验设计

实验号	培养基
1	1/2 MS + 马铃薯 100 g/L + 香蕉 100 g/L + 芋头 100 g/L
2	1/2 MS + 马铃薯 100 g/L + 香蕉 100 g/L + 芋头 100 g/L + NAA 0.2 mg/L
3	1/2 MS + 马铃薯 100 g/L + 香蕉 100 g/L + 芋头 100 g/L + NAA 0.5 mg/L
4	1/2 MS + 马铃薯 100 g/L + 香蕉 100 g/L + 芋头 100 g/L + NAA 0.8 mg/L
5	MS + 马铃薯 100 g/L + 香蕉 100 g/L + 芋头 100 g/L
6	MS + 马铃薯 100 g/L + 香蕉 100 g/L + 芋头 100 g/L + NAA 0.2 mg/L
7	MS + 马铃薯 100 g/L + 香蕉 100 g/L + 芋头 100 g/L + NAA 0.5 mg/L
8	MS + 马铃薯 100 g/L + 香蕉 100 g/L + 芋头 100 g/L + NAA 0.8 mg/L

（3）数据统计

对正交实验的数据采用 SPSS18.0 进行直观分析，并在 5% 水平上方差分析是否存在显著性差异。

3. 结果与分析

（1）铁皮石斛组培苗的一步成苗法

① 一步成苗法的正交实验

20 d 左右，铁皮石斛种子呈绿色，原球茎大小随着时间增长不断变大，长出毛状假根，原球茎顶端出现叶原基凸起，然后渐渐分化成组培苗，90 d 时统计苗高，并对实验结果进行直观分析，结果见表 9-6。

基础培养基、6-BA、NAA、天然附加物这四个因素对铁皮石斛种子萌发为幼苗的影响大小顺序为：天然附加物＞NAA＞基础培养基＞6-BA（K 值分析），最佳成苗培养基组合为 $A_4B_2C_3D_2$，即 N_6 + 6-BA 0.1 mg/L + NAA 0.5 mg/L + 马铃薯 100 g/L。

为了进一步探究各个因素对铁皮石斛种子萌发成幼苗的影响程度，对实验结果进行方差分析，结果见表 9-7。这 4 个因素对铁皮石斛种子萌发为幼苗的影响大小顺序为：天然附加物＞NAA＞基础培养基＞6-BA，且基础培养基、NAA、天然附加物这三个因素对铁皮石斛种子萌发为幼苗的影响都达到显著水平，而 6-BA 对实验结果没有显著性的意义。

对铁皮石斛种子最佳成苗培养基（N_6 + 6-BA 0.1 mg/L + NAA 0.5 mg/L + 马铃薯 100 g/L +

蔗糖 30 g/L + 琼脂粉 6.0 g/L + 活性炭 2 g/L，pH 5.8）进行验证实验，实验操作与成苗正交实验一致，将种子均匀接种于最佳成苗培养基中，重复 3 次。得到的实验结果为：90 d 时，铁皮石斛组培苗高 3.5 cm，且生长健壮。

表 9-6　一步成苗法正交实验结果的直观分析

实验号	因素					苗高 (cm)
	A 基础培养基	B 6-BA（mg/L）	C NAA（mg/L）	D 天然附加物	E 空列	
1	1/2 MS	0	0	芋　头	1	1.0
2	1/2 MS	0.1	0.3	马铃薯	2	1.5
3	1/2 MS	0.3	0.5	香　蕉	3	0.7
4	1/2 MS	0.5	0.7	椰　子	4	1.0
5	MS	0	0.3	香　蕉	4	0.8
6	MS	0.1	0	椰　子	3	1.0
7	MS	0.3	0.7	芋　头	2	1.0
8	MS	0.5	0.5	马铃薯	1	2.8
9	B5	0	0.5	椰　子	2	2.0
10	B5	0.1	0.7	香　蕉	1	1.0
11	B5	0.3	0	马铃薯	4	1.5
12	B5	0.5	0.3	芋　头	3	1.3
13	N_6	0	0.7	马铃薯	3	2.5
14	N_6	0.1	0.5	芋　头	4	3.0
15	N_6	0.3	0.3	椰　子	1	1.5
16	N_6	0.5	0	香　蕉	2	1.0
$\overline{K_1}$	1.050	1.575	1.125	1.575	1.575	
$\overline{K_2}$	1.400	1.625	1.275	2.075	1.375	
$\overline{K_3}$	1.450	1.175	2.125	0.875	1.375	
$\overline{K_4}$	2.000	1.525	1.375	1.375	1.575	
R	0.950	0.450	1.000	1.200	0.200	

表 9-7　一步成苗法正交实验结果的方差分析

因素	平方和	自由度	均方	F	$F_{0.05}$	显著性
A（基础培养基）	1.850	3	0.617	11.563	9.280	*
B（6-BA）	0.500	3	0.167	3.125	9.280	
C（NAA）	2.380	3	0.793	14.875	9.280	*
D（天然附加物）	2.960	3	0.987	18.500	9.280	*
误差	0.160	3	0.053			

注：$F > F_{0.05}$ 表示差异显著。

② 壮苗的正交实验

将成苗培养基中生长的 2 cm 左右的幼苗分别成簇状接种于正交实验的各组壮苗培养基后，定期观察组培苗的生长状况，随着时间增长，铁皮石斛组培苗逐渐长大，各实验组中组培苗都生长健壮、颜色翠绿，60 d 时统计苗高，并对实验结果进行直观分析，结果见表 9-8。基础培养基、6-BA、NAA、天然附加物这 4 个因素对铁皮石斛组培苗壮苗的影响大小顺序为：基础培养基＞NAA＞天然附加物＞6-BA（K 值分析），最佳壮苗培养基组合为 $A_2 B_3 C_2 D_3$，即 MS＋6-BA 1.0 mg/L＋NAA 0.5 mg/L＋香蕉汁 100 g/L。

表 9-8　壮苗正交实验结果的直观分析

| 实验号 | 因素 | | | | | 苗高（cm） |
	A 基础培养基	B 6-BA（mg/L）	C NAA（mg/L）	D 天然附加物	E 空列	
1	1/2 MS	0	0	芋　头	1	2.5
2	1/2 MS	0.5	0.5	马铃薯	2	2.8
3	1/2 MS	1.0	1.0	香　蕉	3	3.5
4	1/2 MS	1.5	1.5	椰　子	4	2.5
5	MS	0	0.5	香　蕉	4	5.5
6	MS	0.5	0	椰　子	3	4.0
7	MS	1.0	1.5	芋　头	2	5.5
8	MS	1.5	1.0	马铃薯	1	4.5
9	B5	0	1.0	椰　子	2	2.2
10	B5	0.5	1.5	香　蕉	1	3.0
11	B5	1.0	0	马铃薯	4	2.5
12	B5	1.5	0.5	芋　头	3	3.5
13	N_6	0	1.5	马铃薯	3	2.8
14	N_6	0.5	1.0	芋　头	4	2.5
15	N_6	1.0	0.5	椰　子	1	3.5
16	N_6	1.5	0	香　蕉	2	3.0
$\overline{K_1}$	2.825	3.250	3.000	3.500	3.375	
$\overline{K_2}$	4.875	3.075	3.825	3.150	3.375	
$\overline{K_3}$	2.800	3.750	3.175	3.750	3.450	
$\overline{K_4}$	2.950	3.375	3.450	3.050	3.250	
R	2.075	0.675	0.825	0.700	0.200	

为了进一步探究各个因素对铁皮石斛组培苗壮苗的影响程度，对实验结果进行方差分析，结果见表 9-9。这 4 个因素对铁皮石斛组培苗壮苗的影响大小顺序为：基础培养基＞NAA＞天然附加物＞6-BA，且基础培养基、6-BA、NAA、天然附加物这 4 个因素对铁皮石斛组培苗壮苗的影响都达到显著水平。

对铁皮石斛种子最佳壮苗培养基（MS＋6-BA 1.0 mg/L＋NAA 0.5 mg/L＋香蕉汁 100 g/L＋蔗糖 30 g/L＋琼脂粉 7.0 g/L＋活性炭 2 g/L，pH 5.8）进行验证实验，实验操作与壮苗正交实验一致，将成苗培养基中生长的 2 cm 左右的幼苗分别成簇状接种于最佳壮苗培养基中，重复 3 次。得到的实验结果为：60 d 时，铁皮石斛组培苗高 6 cm，且颜色翠绿、生长健壮。

表 9-9　壮苗正交实验结果的方差分析

因素	平方和	自由度	均方	F	$F_{0.05}$	显著性
A（基础培养基）	12.253	3	4.084	148.515	9.280	*
B（6-BA）	0.982	3	0.327	11.909	9.280	*
C（NAA）	1.553	3	0.518	18.818	9.280	*
D（天然附加物）	1.248	3	0.416	15.121	9.280	*
误差	0.083	3	0.028			

注：$F > F_{0.05}$ 表示差异显著。

（2）铁皮石斛组培苗的两步成苗法

① 原球茎的萌发

接种 20 d 左右，萌发培养基中铁皮石斛种子呈绿色，原球茎大小随着时间增长不断变大，长出毛状假根，原球茎顶端出现叶原基凸起，60 d 时统计原球茎大小、萌发率和生长状况，结果见表 9-10 和表 9-11。

表 9-10　1/2 MS 中原球茎萌发的实验结果

1/2 MS	对照组	芋头	马铃薯	椰子	香蕉
原球茎大小（mm）	1.5	3.0	2.5	2.0	2.5
萌发度	++	+++	+++	+++	+++
生长状况	部分黄绿，++	部分黄绿，++	浅绿，++	大部分黄绿，++	浅绿，+

注：萌发度分为四个等级，"＋"越多种子萌发的越多；原球茎生长状况分三个等级，"＋"越多原球茎生长得越多。

表 9-11　MS 中原球茎萌发的实验结果

MS	对照组	芋头	马铃薯	椰子	香蕉
原球茎大小（mm）	1.0	5.0	4.0	2.5	3.0
萌发度	+	++++	+++	++++	++++
生长状况	大部分黄绿，+	浅绿，+++	浅绿，+++	小部分黄绿，+++	浅绿，++

注：萌发度分为四个等级，"＋"越多种子萌发的越多；原球茎生长状况分三个等级，"＋"越多原球茎生长得越多。

1/2MS 培养基中，与对照组相比天然附加物均可以促进铁皮石斛种子萌发，且影响大小顺序为芋头＞马铃薯＞香蕉＞椰子；添加附加物的培养基中的种子萌发度都比对照组大，但这 4 种附加物添加的培养基中的萌发度相同；从生长状况看马铃薯影响生长的效果比芋头、椰子和香蕉好；综合考虑，芋头作为 1/2MS 培养基的添加物促进原球茎萌发比较好。

MS 培养基中，与对照组相比天然附加物可以促进铁皮石斛种子萌发为原球茎，影响原球茎大小顺序为芋头＞马铃薯＞香蕉＞椰子；添加附加物的培养基中的种子萌发度都比对照组大，添加芋头、椰子、香蕉的培养基中的萌发度相同，比添加马铃薯的萌发度好；从生长状况看芋头、马铃薯影响生长的效果比椰子和香蕉好；综合考虑，芋头作为 MS 培养基中的添加物促进原球茎萌发比较好。

② 原球茎的增殖分化

将 1/2MS、MS 萌发培养基中的原球茎分别均匀接种于 1/2MS、MS 的增殖分化培养基后，原球茎增殖并逐渐分化为幼苗，60 d 时统计幼苗的苗高和苗的生长状况，实验结果见表 9-12。添加 0.8 mg/L 6-BA 的 1/2MS 培养基和添加 0.5 mg/L、0.8 mg/L 6-BA 的 MS 培养基中原球茎出现坏死，部分原球茎没有分化成苗。

综合考虑，1/2MS ＋ 马铃薯 100 g/L ＋ 香蕉 100 g/L ＋ 6-BA 0.2 mg/L 以及 MS ＋ 马铃薯 100 g/L ＋ 香蕉 100 g/L ＋ 6-BA 0.2 mg/L 中，铁皮石斛幼苗生长比其他实验组的幼苗好。

表 9-12　原球茎增殖分化的实验结果

	对照组	1	2	3
1/2MS 苗高（cm）	0.2	1.5	1.0	0.5
1/2MS 生长状况	＋	＋＋＋	＋＋	＋ 出现坏死
MS 苗高（cm）	0.5	1.0	1.0	1.0
MS 生长状况	＋	＋＋	＋＋ 出现坏死	＋＋ 出现坏死

注："＋"越多苗生长的越好。

③ 组培苗的壮苗生根

将 1/2MS、MS 增殖分化培养基中生长的 2 cm 左右的幼苗分别成簇状接种于 1/2MS、MS 的壮苗生根培养基后，定期观察组培苗的生长状况，随着时间增长，铁皮石斛组培苗逐渐长大，各实验组中组培苗都生长健壮、颜色翠绿，75 d 时统计苗的大小和生根状况，实验结果见表 9-13。1/2MS、MS 的 2 号实验组的壮苗生根培养基中，组培苗生长状况比其他各实验组好，即 1/2MS ＋ 马铃薯 100 g/L ＋ 香蕉 100 g/L ＋ NAA 0.5 mg/L 和 MS ＋ 马铃薯 100 g/L ＋ 香蕉 100 g/L ＋ NAA 0.5 mg/L 中组培苗生长的最佳。铁皮石斛组培苗生长过程中，各阶段生长状况见图 9-1。

表 9-13　壮苗生根的实验结果

实验号	1/2 MS		MS	
	苗高（cm）	生根	苗高（cm）	生根
对照组	5.0	+	3.5	+
1	7.5	++	5.0	+
2	8.5	+++	6.5	++
3	8.0	++	6.0	++

注："＋"越多苗的生根状况越好。

图 9-1　铁皮石斛组培苗生长状况

注：a 图：增殖分化的原球茎；b 图：生长的铁皮石斛幼苗；c 图：壮苗后的铁皮石斛组培苗。

4. 讨论

（1）铁皮石斛组培苗的一步成苗法

近年的研究中，铁皮石斛组织培养以种子为外植体培养组培苗时，一般经过诱导、增殖、分化、壮苗、生根这几个培养步骤。为了达到简化铁皮石斛组织培养步骤、缩短培养时间以及为快速育苗和工厂化生产提供便利的目的，本章中采用一步成苗法和两步成苗法进行组培苗培养的研究。

实验中，选取基础培养基、6-BA、NAA、天然附加物作为正交实验的影响因素。因为激素浓度的提高会促进原球茎的增殖，过高的浓度甚至会使原球茎变异，所以为了使原球茎不过分增殖、产生变异、能够顺利分化为幼苗，实验组中使用低浓度的植物生长调节剂，6-BA 和 NAA 的 4 个浓度水平都比较低。实验结果表明，基础培养基对铁皮石斛种子成苗的影响达到显著水平，且 N_6 培养基的成苗效果最佳；成苗培养基中的最佳 NAA 浓度为 0.5 mg/L，且对铁皮石斛种子成苗的影响也达到显著水平；天然附加物对铁皮石斛成苗的影响也达到显著水平，且最佳天然附加物为马铃薯；而 6-BA 对实验结果没有显著性的意义，最佳 6-BA 浓度为 0.1 mg/L。

壮苗正交实验中，影响因素与成苗正交实验一致，但 6-BA、NAA 的浓度水平比成苗的实验要稍高。实验结果表明，基础培养基对壮苗实验的影响达到显著水平，且 MS 培养基的壮苗效果最佳，与张书萍等的实验结果一致；6-BA 和 NAA 对铁皮石斛幼苗壮苗的影响都达到显著水平，且最佳 6-BA 和 NAA 浓度分别为 1.0 mg/L 和 0.5 mg/L，最佳 NAA 浓度与孙贺等的实验结果一致；天然附加物对铁皮石斛幼苗壮苗的影响也具有显著性的意义，且最佳天然附加物为香蕉。

（2）铁皮石斛组培苗的两步成苗法

为了减少组培苗转瓶时适应新培养基的时间，以及避免可能出现的黄化现象，两步成苗法中使用相同的基础培养基，因为 1/2MS 可被用于铁皮石斛种子和原球茎的增殖、分化、组培苗的壮苗以及生根这几个步骤，所以基础培养基采用 1/2MS，并尝试使用 MS。同样为了使原球茎能够顺利分化为幼苗，实验中尽量多使用天然附加物和低浓度的植物生长调节剂。

原球茎萌发实验中，有研究者认为种胚不需要外源激素即可萌发，所以我们只使用不同的天然附加物调节原球茎的萌发。对芋头、马铃薯、椰子、香蕉这 4 种天然附加物进行实验比较，结果表明芋头作为培养基中的附加物促进原球茎萌发比较好。比较对照组培养基中的原球茎可知，1/2MS 中原球茎比 MS 中原球茎生长的好，但比较添加相同天然附加物的 1/2MS 和 MS 培养基中的原球茎，可知 MS 中原球茎比 1/2MS 培养基中原球茎生长的好，说明天然附加物有利于铁皮石斛原球茎萌发和生长，且影响比较大。

使用低浓度的 6-BA 调节原球茎增殖分化，同时使用马铃薯和香蕉作为天然附加物。结果表明，添加 0.2 mg/L 6-BA 的 1/2MS 培养基中的幼苗比其他实验组中的幼苗生长的好，MS 培养基中也是添加 0.2 mg/L 6-BA 的培养基中的幼苗比其他实验组中的幼苗生长的好，而添加 0.8 mg/L 6-BA 的 1/2MS 培养基和添加 0.5 mg/L、0.8 mg/L 6-BA 的 MS 培养基中原球茎出现坏死，且部分原球茎甚至没有分化成苗，表明低浓度的 6-BA 更有利于原球茎分化为幼苗，与张治国等实验中原球茎生长后期激素要求一致。比较含有相同天然附加物的 1/2MS 和 MS 培养基中的幼苗，可知 1/2MS 中幼苗比 MS 培养基中幼苗生长的好。

壮苗生根实验中，香蕉和芋头作为天然附加物，并使用低浓度的 NAA 调节幼苗生长。实验结果表明，各组实验培养基中的组培苗都颜色翠绿，生长健壮，而添加 0.5 mg/L NAA 的 1/2MS、MS 培养基中的组培苗比其他实验组生长的好，与王春等和余乐等的实验结果一致。同样比较含有相同天然添加物的 1/2MS 和 MS 培养基中的组培苗，可知 1/2MS 中组培苗比 MS 培养基中组培苗生长的好。此培养体系中虽然 MS 中的原球茎比 1/2MS 中原球茎生长的好又快，但整体上，最后 1/2MS 中的组培苗比 MS 中的组培苗更高、更健壮。

（3）铁皮石斛组培苗的一步成苗法和两步成苗法比较

这两种实验方法步骤简单，且具有可行性。一步成苗法比两步成苗法，少了一个步骤，减少了铁皮石斛组培苗的转瓶次数，实验操作也更为方便，但其培养基中的植物生长调节剂比第两步成苗方法中使用的多。为了组培苗将来能顺利炼苗，实验室组织培养过程中应尽量少用植物生长调节剂，两步成苗法虽然使用的激素浓度低，但生长周期比一步成苗法长，但因为其组织培养过程中使用了同种基础培养基，且激素浓度也低，使得这种方法生长的组培苗在转瓶时几乎不需要适应新培养基的时间，组培苗也没有出现黄化。所以这两种方法各有优点和缺点，如何取舍，全看应用时的需要。

第十章　铁皮石斛无激素组培体系

众所周知，外源植物激素在促进植物生长上确实起到了一定的作用，在铁皮石斛的组织培养过程中加入一定量的激素可以明显加快组培苗的生长，并且有助于提高组培苗的质量。

但是在铁皮石斛组培苗后续的移栽过程中，我们发现施用外源植物激素过多的组培苗在自然环境下的长势并不如意，这可能和组培苗在前期的生长过程中已经对外源激素产生了依赖有关，导致其在脱离外源激素的自然环境下无法正常生长。更重要的是，铁皮石斛作为一种名贵的中药材，其种植的最终目的是供人们食用，在现代社会大力倡导绿色无公害食品的条件下，如何在保证组培苗质量的前提下获得更加绿色环保的铁皮石斛组培苗是很值得研究的。本章从提高移栽成活率和培养绿色有机食品两个角度出发，设计铁皮石斛无激素培养体系，以期获得成活率更高的铁皮石斛成苗，同时为未来大规模工厂化生产绿色有机铁皮石斛打下基础。

1. 材料

实验材料为铁皮石斛种子萌发诱导所得的原球茎，该铁皮石斛种子采自云南，原球茎培养于南京师范大学生命科学学院植物资源与环境研究所植物组织培养室。种子萌发诱导阶段的培养基配方为：1/2 MS + 10% 椰汁 + 30 g/L 蔗糖 + 6 g/L 琼脂。选取相同条件下培养的，长势良好无分化，处于同一生长期的原球茎进行实验。实验过程的各个培养阶段均置于温度（25 ± 2）℃，光照强度 2 000 lx，每日光照 12 h 的条件下进行培养。

2. 方法

（1）正交实验筛选铁皮石斛增殖分化阶段最适附加物

设计以椰汁浓度、香蕉提取液浓度、马铃薯提取液浓度、蛋白胨浓度为 4 个因素，每个因素 3 个水平的正交实验（表 10-1）。以 MS 培养基为基础培养基，附加蔗糖 30 g/L、琼脂 6.5 g/L。每组处理接种 8 瓶，每瓶接种 2 g 原球茎，定期观察其长势，60 d 时，统计并记录此时原球茎的增殖情况和生长状况。

表 10-1　L_9（3^4）正交实验因素水平设计（增殖分化阶段）

水平	因素			
	A 椰汁（g/L）	B 马铃薯提取液（g/L）	C 香蕉提取液（g/L）	D 蛋白胨（g/L）
1	60	0	0	0.5
2	80	30	10	1.0
3	100	60	20	1.5

（2）铁皮石斛增殖阶段分化最适培养基的确定

结合上一步实验的结果，设计不同的培养基，附加蔗糖 30 g/L、琼脂 6.5 g/L。每组处理接种

8瓶，每瓶接种2g原球茎，定期观察其长势，60d时，统计并记录此时原球茎的增殖情况和生长状况。

表 10-2　铁皮石斛增殖分化培养基配方优化

实验号	培养基
1	MS + 100 g/L 椰汁 + 60 g/L 马铃薯提取液 + 1 g/L 蛋白胨
2	1/2 MS + 100 g/L 椰汁 + 60 g/L 马铃薯提取液 + 1 g/L 蛋白胨
3	改良 1/2 MS + 100 g/L 椰汁 + 60 g/L 马铃薯提取液 + 1 g/L 蛋白胨
4	3 g/L 花宝 2 号 + 100 g/L 椰汁 + 60 g/L 马铃薯提取液 + 1 g/L 蛋白胨
5	3 g/L 花宝 1 号 + 100 g/L 椰汁 + 60 g/L 马铃薯提取液 + 1 g/L 蛋白胨
6	1 g/L 花宝 1 号 + 2 g/L 花宝 1 号 + 100 g/L 椰汁 + 60 g/L 马铃薯提取液 + 1 g/L 蛋白胨
7	2 g/L 花宝 1 号 + 1 g/L 花宝 1 号 + 100 g/L 椰汁 + 60 g/L 马铃薯提取液 + 1 g/L 蛋白胨
8	1.5 g/L 花宝 1 号 + 1.5 g/L 花宝 1 号 + 100 g/L 椰汁 + 60 g/L 马铃薯提取液 + 1 g/L 蛋白胨

（3）铁皮石斛壮苗生根阶段基本培养基的确定

挑选上一步实验所得到的同一条件下生长良好，苗高1~2 cm 的铁皮石斛组培苗进行实验。分别接种于含不同基础培养基的培养基中。附加蔗糖30 g/L、活性炭1 g/L、琼脂6.5 g/L。每组处理接种8瓶，每瓶接种10株苗，接种120 d后随机挑选其中4瓶，每瓶随机挑选3株铁皮石斛苗统计其生长情况，每瓶数据值取3株组培苗统计数据的平均数。

表 10-3　铁皮石斛壮苗生根培养基配方优化

实验号	培养基
1	MS + 80 g/L 马铃薯提取液 + 60 g/L 香蕉提取液 + 1 g/L 蛋白胨
2	1/2 MS + 80 g/L 马铃薯提取液 + 60 g/L 香蕉提取液 + 1 g/L 蛋白胨
3	改良 1/2 MS + 80 g/L 马铃薯提取液 + 60 g/L 香蕉提取液 + 1 g/L 蛋白胨
4	B5 + 80 g/L 马铃薯提取液 + 60 g/L 香蕉提取液 + 1 g/L 蛋白胨
5	3 g/L 花宝 2 号 + 80 g/L 马铃薯提取液 + 60 g/L 香蕉提取液 + 1 g/L 蛋白胨
6	3 g/L 花宝 1 号 + 80 g/L 马铃薯提取液 + 60 g/L 香蕉提取液 + 1 g/L 蛋白胨
7	1.5 g/L 花宝 1 号 + 1.5 g/L 花宝 2 号 + 80 g/L 马铃薯提取液 + 60 g/L 香蕉提取液 + 1 g/L 蛋白胨
8	1/2 MS + 1 g/L 花宝 1 号 + 80 g/L 马铃薯提取液 + 60 g/L 香蕉提取液 + 1 g/L 蛋白胨
9	1/2 MS + 1 g/L 花宝 2 号 + 80 g/L 马铃薯提取液 + 60 g/L 香蕉提取液 + 1 g/L 蛋白胨

（4）正交实验筛选铁皮石斛壮苗生根阶段最适添加物

设计以香蕉提取液浓度、马铃薯提取液浓度、蛋白胨浓度为 3 个因素，每个因素 3 个水平的正交实验（表 10-4）。以 1/2 MS＋1 g/L 花宝 1 号为基础培养基，附加蔗糖 30 g/L、琼脂 6.5 g/L。每组处理接种 8 瓶，每瓶接种 10 株苗，接种 120 d 后随机挑选其中 4 瓶，每瓶随机挑选 3 株铁皮石斛苗统计其生长情况，每瓶数据值取 3 株组培苗统计数据的平均数。

表 10-4　L₉（3⁴）正交实验因素水平设计（生根阶段）

水平	因素			
	A 马铃薯提取液（g/L）	B 香蕉提取液（g/L）	C 蛋白胨（g/L）	D 活性炭（g/L）
1	40	40	0.5	0.5
2	60	60	1.0	1.0
3	80	80	1.5	1.5

3. 结果与分析

（1）正交实验筛选铁皮石斛增殖分化阶段最适附加物

由表 10-5 的正交实验结果可以看出，4 种附加物都显著影响了铁皮石斛原球茎的增殖和分化，其中处理 6、处理 8 和处理 9 的原球茎增殖倍数都达到了 6 倍以上，原球茎生长状况良好：簇生致密，颜色翠绿，有少量分化。而处理 3 的原球茎不仅增殖的少，生长状况也最差；原球茎较松散，颜色发黄，生长缓慢，如图 10-1。由表 10-5 的极差分析可知，4 个因素对铁皮石斛原球茎增殖分化阶段生长的影响顺序依次为：A＞C＞B＞D，即椰汁浓度＞香蕉提取液浓度＞马铃薯提取液浓度＞蛋白胨浓度。根据各因素的 K 值大小，得到原球茎增殖分化阶段最适附加物组合为 $A_3B_3C_1D_2$，即 100 g/L 椰汁＋60 g/L 马铃薯提取液＋1 g/L 蛋白胨。

表 10-5　最适添加物正交实验结果（增殖分化阶段）

处理编号	因素				增殖倍数	原球茎生长状况
	A 椰汁（g/L）	B 马铃薯提取液（g/L）	C 香蕉提取液（g/L）	D 蛋白胨（g/L）		
1	60	0	0	0.5	3.09	++
2	60	30	10	1.0	3.85	+++
3	60	60	20	1.5	2.25	++
4	80	0	10	1.5	3.41	+++
5	80	30	20	0.5	4.41	+++
6	80	60	0	1.0	7.25	++++
7	100	0	20	1.0	4.42	+++

（续表）

处理编号	因素				增殖倍数	原球茎生长状况
	A 椰汁（g/L）	B 马铃薯提取液（g/L）	C 香蕉提取液（g/L）	D 蛋白胨（g/L）		
8	100	30	0	1.5	6.61	++++
9	100	60	10	0.5	6.43	++++
$\overline{K_1}$	3.06	3.64	5.65	4.64		
$\overline{K_2}$	5.02	4.96	4.56	5.17		
$\overline{K_3}$	5.82	5.31	3.69	4.09		
R	2.76	1.67	1.96	1.08		

注：1. 原球茎增殖倍数 = 原球茎增殖后鲜重/原球茎接种时鲜重。
2. "++"，叶色浅绿茎秆较粗壮；"+++"，叶色较绿茎秆粗壮；"++++"，叶色深绿茎秆很粗壮。

对 9 组处理的实验结果进行方差分析，发现 4 个因素对铁皮石斛增殖分化阶段的生长都有十分显著的影响，且影响顺序为：A＞C＞B＞D，即椰汁浓度＞香蕉提取液浓度＞马铃薯提取液浓度＞蛋白胨浓度，该结果和极差分析的结果一致。分析实验数据可知，椰汁浓度的增大，显著促进了铁皮石斛原球茎的增殖和分化，而香蕉提取物显然对铁皮石斛原球茎的增殖和分化不利。以 $A_3B_3C_1D_2$ 组合浓度和处理 6 再次进行验证实验，60 d 后测得原球茎增殖倍数平均分别为 7.07 和 6.88，原球茎生长状况良好。综合以上分析，选取 $A_3B_3C_1D_2$ 组合浓度为最适附加物组合浓度，即 100 g/L 椰汁 + 60 g/L 马铃薯提取液 + 1 g/L 蛋白胨。

表 10-6 最适添加物正交实验处理结果的方差分析（增殖分化阶段）

因素	平方和	自由度	均方	F	$F_{0.05}$	显著性
A 椰汁	96.61	2	48.31	102.74	3.15	＊
B 马铃薯提取液	37.26	2	18.63	39.63	3.15	＊
C 香蕉提取液	46.32	2	23.16	49.26	3.15	＊
D 蛋白胨	14.07	2	7.03	14.96	3.15	＊
误差	29.62	63	0.47			

注：$F > F_{0.05}$ 表示差异显著。

表 10-7 各因素不同水平之间的差异性（增殖分化阶段）

水平	因素			
	A 椰汁（g/L）	B 马铃薯提取液（g/L）	C 香蕉提取液（g/L）	D 蛋白胨（g/L）
1	60 c	0 b	0 a	0.5 b
2	80 b	30 a	10 b	1.0 a
3	100 a	60 a	20 c	1.5 c

注：同列不同小写字母表示差异显著（$P < 0.05$）。

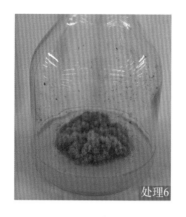

图 10-1　不同添加物对原球茎增殖的影响

（2）铁皮石斛增殖分化阶段最适培养基的确定

由表 10-8 可知，在这 8 种培养基上原球茎均能正常增殖和分化，其中在培养基 4（3 g/L 花宝2 号 + 100 g/L 椰汁 + 60 g/L 马铃薯提取液 + 1 g/L 蛋白胨）上铁皮石斛原球茎增殖倍数为 8.16，原球茎生长状况良好，簇生紧致，颜色翠绿，有少量分化；培养基 1（MS + 100 g/L 椰汁 + 60 g/L 马铃薯提取液 + 1 g/L 蛋白胨）和培养基 3（改良 1/2 MS + 100 g/L 椰汁 + 60 g/L 马铃薯提取液 + 1 g/L 蛋白胨）上的原球茎增殖倍数都达到了 7 以上，原球茎生长状况也良好。结果表明，MS 和改良的 1/2 MS 包括花宝 2 号都可以作为铁皮石斛原球茎增殖和分化阶段的基础培养基，而花宝 1 号不适合原球茎的增殖和分化培养。在实际生产中，可以根据不同的条件选取适合自身生产条件的基础培养基。

表 10-8　不同培养基对原球茎增殖的影响

培养基编号	原球茎增殖倍数	原球茎生长状况
1	7.73 ± 0.21 ab	簇生、紧致、翠绿、少量分化
2	6.76 ± 0.23 c	簇生、较紧致、绿、少量分化
3	7.29 ± 0.23 bc	簇生、紧致、翠绿、少量分化
4	8.16 ± 0.22 a	簇生、紧致、翠绿、少量分化
5	5.94 ± 0.26 d	簇生、较紧致、绿有发黄、少量分化
6	6.92 ± 0.20 c	簇生、较紧致、绿、少量分化
7	5.87 ± 0.17 d	簇生、较紧致、绿有发黄、少量分化
8	6.94 ± 0.29 c	簇生、较紧致、绿、少量分化

注：同列不同小写字母表示差异显著（$P < 0.05$）。

（3）铁皮石斛壮苗生根阶段基础培养基的确定

由表 10-9 中数据可知，培养基 8（1/2 MS + 1 g/L 花宝 1 号 + 80 g/L 马铃薯提取液 + 60 g/L

香蕉提取液＋1 g/L 蛋白胨）中的铁皮石斛组培苗株高达到了 8.23 cm，平均生根数为 4.92，根长约 5.34 cm，为 9 组处理组中生长状况最好的一组。培养基 6（3 g/L 花宝 1 号＋80 g/L 马铃薯提取液＋60 g/L 香蕉提取液＋1 g/L 蛋白胨）和培养基 3（改良 1/2 MS＋80 g/L 马铃薯提取液＋60 g/L 香蕉提取液＋1 g/L 蛋白胨）中的组培苗生长状况也较好，株高在 7 cm 左右，根长大于 4 cm，平均生根数为 5 左右，茎秆粗壮，叶色浓绿，根系发达，相对于其他处理组来说也是较优质的铁皮石斛组培苗，如图 10-2。分析表中数据可得，花宝 1 号相对于花宝 2 号更适合铁皮石斛的壮苗和生根培养，如图 10-3。而改良的 1/2 MS 基础培养基比 MS、1/2 MS 和 B5 基础培养基更有利于组培苗的生长。在实际生产中，综合组培苗的生长状况和生产成本，可以考虑优先选择 1/2 MS 基础培养基中加入适量花宝 1 号作为铁皮石斛壮苗生根阶段的基础培养基。

表 10-9　不同培养基对铁皮石斛组培苗壮苗生根的影响

编号	株高（cm）	根长（cm）	生根数（cm）	生长状况
1	5.18±0.50 def	3.11±0.39 c	3.66±0.36 bc	+++
2	5.78±0.55 cde	3.32±0.21 bc	4.00±0.14 abc	+++
3	6.86±0.45 abc	4.31±0.27 ab	4.58±0.37 ab	++++
4	6.16±0.73 bcd	3.40±0.31 bc	4.42±0.52 ab	+++
5	3.90±0.43 f	3.19±0.44 c	3.41±0.37 c	++
6	7.31±0.46 ab	4.54±0.34 a	5.00±0.14 a	++++
7	4.29±0.17 f	3.18±0.28 c	3.33±0.31 c	++
8	8.23±0.32 a	5.34±0.41 a	4.92±0.21 a	++++
9	4.53±0.26 ef	2.95±0.43 c	3.16±0.21 c	++

注：1. 同列不同小写字母表示差异显著（$P<0.05$）。
　　2. "株高" 的测量标准是从植株基部至最顶端处。
　　3. "++"，叶色浅绿茎秆较粗壮；"+++"，叶色较绿茎秆粗壮；"++++"，叶色深绿茎秆很粗壮。

图 10-2　不同基础培养基对铁皮石斛
　　　　　壮苗生根的影响

图 10-3　花宝 1 号和 2 号对铁皮石斛
　　　　　壮苗生根的影响

（4）正交实验筛选铁皮石斛壮苗生根阶段最适附加物

由表 10-10 的正交实验结果可知，在这 9 组培养基中，铁皮石斛组培苗都可以正常生长但生长状况有较大的不同，9 组处理对铁皮石斛的壮苗和生根产生了比较显著的影响。

由极差分析可知，马铃薯提取液浓度对铁皮石斛组培苗株高的影响最大，当马铃薯提取液浓度为 80 g/L 时，组培苗的平均株高达到了 7.72 cm。各因素对株高的影响顺序为 A＞C＞B＞D，即马铃薯提取液浓度＞蛋白胨浓度＞香蕉提取液浓度＞活性炭浓度。而对根长的极差分析中，香蕉提取液的浓度是其中影响最大的一个因素，当香蕉提取液浓度为 80 g/L 时，组培苗的平均根长达到了 5.39 cm。

表 10-10　最适添加物正交实验结果（生根阶段）

处理编号	因素				株高（cm）	根长（cm）
	A 马铃薯提取液（g/L）	B 香蕉提取液（g/L）	C 蛋白胨（g/L）	D 活性炭（g/L）		
1	40	40	0.5	0.5	5.94	3.19
2	40	60	1.0	1.0	6.09	3.95
3	40	80	1.5	1.5	6.27	5.41
4	60	40	1.0	1.5	8.64	3.58
5	60	60	1.5	0.5	7.17	5.50
6	60	80	0.5	1.0	6.01	4.78
7	80	40	1.5	1.0	8.99	4.75
8	80	60	0.5	1.5	6.29	4.23
9	80	80	1.0	0.5	7.88	5.97
株高 $\overline{K_1}$	6.10	7.86	6.08	7.00		
$\overline{K_2}$	7.27	6.52	7.54	7.03		
$\overline{K_3}$	7.72	6.72	7.48	7.07		
R	1.62	1.34	1.40	0.07		
根长 $\overline{K_1}$	4.18	3.84	4.07	4.89		
$\overline{K_2}$	4.62	4.56	4.50	4.49		
$\overline{K_3}$	4.98	5.39	5.22	4.41		
R	0.80	1.55	1.15	0.48		

注："株高" 的测量标准是从植株基部至最顶端处。

对 4 个因素的 9 组处理进行方差分析，由表 10-11 和表 10-12 可以看出，活性炭对组培苗的株高和根长都无显著影响，而其余 3 种因素对株高和根长都产生了显著的影响。其中，这 3 种因素对株高的影响顺序为：马铃薯提取液浓度＞蛋白胨浓度＞香蕉提取液浓度，该结果和极差分析结果一致；对根长的影响顺序为：香蕉提取液浓度＞蛋白胨浓度＞马铃薯提取液浓度，和极差分析的结果也是一致的。根据表中 $\overline{K}$ 值大小，得到培养基最优组合为 $A_3B_1C_2D_3$ 和 $A_3B_3C_3D_1$。表 10-13 中对影响株高的各因素不同水平之间的 Duncan 检验表明：C_2 和 C_3 之间没有显著性差异，B_1 和 B_2、B_3 之间存在显著性差异但 B_2 和 B_3 之间没有显著性差异。表 10-14 中对影响根长的各因素不同水平之间的 Duncan 检验表明：B_1、B_2、B_3 之间均存在显著性差异。综合各个因素的分析结果，选择 $A_3B_3C_2D_3$ 和 $A_3B_2C_3D_3$ 为最适合组培苗壮苗生根的附加物浓度组合。

以 $A_3B_3C_2D_3$ 和 $A_3B_2C_3D_3$ 浓度组合处理进行验证实验，120 d 后测得平均株高分别为 8.78 cm 和 9.02 cm，平均根长为 6.23 cm 和 5.76 cm，组培苗生长状况都良好。铁皮石斛壮苗生根阶段最适附加物浓度组合为 80 g/L 马铃薯提取液 + 80 g/L 香蕉提取液 + 1 g/L 蛋白胨 + 1.5 g/L 活性炭或者 80 g/L 马铃薯提取液 + 60 g/L 香蕉提取液 + 1.5 g/L 蛋白胨 + 1.5 g/L 活性炭。

表 10-11 正交实验处理结果的方差分析（株高）

因素	平方和	自由度	均方	F	$F_{0.05}$	显著性
A 马铃薯提取液	16.80	2	8.40	12.15	3.35	*
B 香蕉提取液	12.55	2	6.27	9.07	3.35	*
C 蛋白胨	16.30	2	8.15	11.78	3.35	*
D 活性炭	0.03	2	0.01	0.02	3.35	
误差	18.67	27	0.69			

注：$F > F_{0.05}$ 表示差异显著。

表 10-12 正交实验处理结果的方差分析（根长）

因素	平方和	自由度	均方	F	$F_{0.05}$	显著性
A 马铃薯提取液	3.86	2	1.93	6.64	3.35	*
B 香蕉提取液	14.48	2	7.24	24.92	3.35	*
C 蛋白胨	8.11	2	4.05	13.95	3.35	*
D 活性炭	1.56	2	0.78	2.68	3.35	
误差	7.85	27	0.29			

注：$F > F_{0.05}$ 表示差异显著。

表 10-13 各因素不同水平之间的差异性（株高）

水平	因素			
	A 马铃薯提取液（g/L）	B 香蕉提取液（g/L）	C 蛋白胨（g/L）	D 活性炭（g/L）
1	40 b	40 a	0.5 b	0.5 a
2	60 a	60 b	1.0 a	1.0 a
3	80 a	80 b	1.5 a	1.5 a

注：同列不同小写字母表示差异显著（$P < 0.05$）。

表 10-14　各因素不同水平之间的差异性（根长）

水平	因素			
	A	B	C	D
1	40 b	40 c	0.5 b	0.5 a
2	60 ab	60 b	1.0 b	1.0 ab
3	80 a	80 a	1.5 a	1.5 b

注：同列不同小写字母表示 $P<0.05$。

4. 讨论

（1）铁皮石斛无激素培养体系下培养基中附加物的选择

铁皮石斛增殖分化阶段常用的天然附加物有椰汁、马铃薯提取液、香蕉提取液、番茄提取液、苹果提取液等。曾宋君和程式君的研究表明椰汁、马铃薯提取液、香蕉提取液均对石斛胚状体的成苗有促进作用，且效果基本相同。张艳等的研究发现，香蕉提取液对霍山石斛原球茎的增殖有着显著的影响。陈继敏等的研究表明石斛兰原球茎细胞全能性很强不需要添加激素也可正常分化出根茎叶。本章中，选取椰汁、马铃薯提取液和香蕉提取液作为培养基内的天然附加物，正交实验结果表明，椰汁在促进铁皮石斛增殖的过程中发挥了最为显著的作用，随着椰汁浓度的增加，原球茎的增殖倍数也得到了提高，这可能是由于椰汁具有类似细胞分裂素的作用。香蕉提取液不利于原球茎的增殖，对原球茎的增殖起到了抑制作用，不仅增殖倍数小，原球茎质量也相对较差，这和张治国和刘骅的研究结果一致，但刘明志和朱京育的研究结果表明香蕉提取液可以显著促进大花蕙兰原球茎的增殖和分化。壮苗生根阶段附加物的选择，与有激素条件下所确定的附加物及其浓度的实验结果略有差异，体现在无激素条件下的活性炭浓度对铁皮石斛组培苗的壮苗生根并没有产生显著的影响，但活性炭浓度的增大在一定程度上减少了组培苗的褐化率，活性炭可以吸附培养物分泌到培养基中的酚类、醌类等有害物质，从而有效地减轻褐变。余晓丽等加入了 0.2% 活性炭在野生黄蔷薇（*Rosa hugonis*）的离体生根培养基中，有效地降低了褐化现象，生根效果也很好。故本章最终确定的最适活性炭浓度仍旧为 1.5 g/L。

将肉、酪素等用酸或蛋白酶水解，干燥得到淡黄色粉末，这种粉末就是蛋白胨。其富含各种营养物质，如氮源、碳源、生长因子等。何松林等的研究表明蛋白胨对文心兰原球茎的增殖和分化有着较好的促进作用，魏韩英等的研究也表明胰蛋白胨有利于春兰（*Cymbidium goeringii*）根状茎的增殖，曾宋君等的研究表明胰蛋白胨可以促进兜兰（*Paphiopedilum*）苗的生长，故本章将蛋白胨作为正交实验中的一个影响因素，以探究其在铁皮石斛组织培养过程中所发挥的作用。结果表明蛋白胨的浓度确实显著影响了铁皮石斛原球茎的增殖分化和组培苗的壮苗生根，实验确定的增殖分化培养基中蛋白胨浓度为 1 g/L 时最佳，而壮苗生根培养基中添加 1 g/L 或 1.5 g/L 蛋白胨为最佳。需要特别指出的是，本章中选取记录的是 60 d 时的铁皮石斛原球茎增殖情况，此时大部分处理组的原球茎还未开始分化，而此后 90 d 左右，处理组的原球茎基本都开始出现分化，并逐渐生长成为铁皮石斛小苗。

（2）铁皮石斛无激素培养体系下基础培养基的选择

MS、1/2MS、N₆ 等基础培养基为铁皮石斛原球茎增殖分化阶段常用的基础培养基，鲍腾飞等的研究认为 1/2MS 是最适合铁皮石斛原球茎增殖的基础培养基，而莫昭展等的研究认为铁皮石斛原球茎在改良的 MS 培养基（硝酸铵减少一半其余与 MS 相同）上增殖状况最好。我们发现，在有激素条件下，MS 基础培养基和 1/2MS 基础培养基都可以作为原球茎增殖阶段的基础培养基。对于铁皮石斛组培苗壮苗生根阶段所用的基础培养基，MS、1/2MS、B5 等是比较常见的种类。刘骅和张治国的研究表明 B5 和 1/2MS 基础培养基是最适合铁皮石斛壮苗培养的培养基，而李璐等的研究认为 1/2MS 基础培养基有利于铁皮石斛的生根培养。花宝为美国 Hyponex 化学公司出品的兰科植物系列速效复合肥，其中花宝 1 号的 N：P：K 为 7：6：19，花宝 2 号的 N：P：K 为 20：20：20。陈之林等的研究发现有激素条件下，花宝 1 号有利于独角石斛（D. unicum）原球茎的增殖，同时添加花宝 1 号和花宝 2 号的培养基可以促进独角石斛组培苗的生根。陈继敏等的研究表明在无激素条件下，培养基中添加花宝 1 号对于小黄花石斛（D. jenkinsii）组培苗的壮苗生根有较好的促进作用。

研究原球茎增殖分化阶段得出的结果为花宝 1 号不适合作为增殖分化阶段的基础培养基，改良的 1/2MS 以及花宝 2 号都可以作为增殖分化阶段的基础培养基，而在铁皮石斛组培苗的壮苗生根阶段，单独添加花宝 1 号作为基础培养基和改良的 1/2MS 基础培养基都有利于组培苗的生长，考虑到花宝系列的成本较高，在实际生产中可以考虑使用改良的 1/2MS 基础培养基或者在培养基中添加少量花宝 1 号来促进组培苗的生长。

（3）建立铁皮石斛无激素培养体系的意义

目前铁皮石斛的组织培养和快速繁殖技术普遍存在大量使用外源植物激素的现象，导致一些铁皮石斛组培苗移栽后在自然环境下无法正常生长，同时还存在着食用不安全的隐患。绿色食品是当今社会大力提倡的，而所谓的绿色食品是指经过特定生产方式生产和加工的，再经过特定机构认可的可以使用绿色食品标志商标的，无污染的优质营养类食品，其生产和加工过程完全遵守可持续发展原则。

在铁皮石斛组织培养过程中大量添加外源植物激素有可能不符合我国对于绿色食品生产和加工的标准。从长远来看，未来铁皮石斛组织培养和快速繁殖技术会向着少量或者不添加外源植物激素的方向发展。一方面无激素培养可以提高铁皮石斛成苗的质量，减少食用不安全的风险，另一方面也是顺应生态农业的必然要求。本章尝试建立铁皮石斛的无激素培养体系，虽然设计和筛选出的培养基可以达到让铁皮石斛原球茎包括组培苗正常生长的要求，但也存在很多不足。首先是花宝系列速效复合肥的配方至今未曾公布，其次是无激素培养基上无论是原球茎还是组培苗的生长速度都大大减慢，这在一定程度上延长了铁皮石斛组织培养的生长周期。但本章对于未来大规模工厂化进行铁皮石斛无激素组织培养的意义是重大的，不仅提供了理论指导也起到了一定的技术指导作用。

第十一章 铁皮石斛的生物反应器培养

在前面章节已经介绍了利用植物组织培养的方法生产铁皮石斛种苗，具备培养效率高、种苗均一、性状稳定等优势，但在铁皮石斛的工厂化扩繁种苗的过程中仍面临着诸多问题，而其中首要问题就是如何降低铁皮石斛种苗的生产成本。植物组培苗的生产成本主要集中在 2 个方面的问题：一是能源的消耗，包括培养基的配制、灭菌以及种苗接种后的光照培养和环境温度的控制等；另外一个方面是种苗生产过程中的人力成本，包括培养基配制与分装、接种和培养瓶的清洗等。虽然现在部分工序已经有机械化装置对人工进行了部分的替代，但组织培养过程中的高能耗和高人工仍不能避免。因此需要对传统的培养方式进行改革，从根本上解决以上的问题。植物培养生物反应器在植物组织培养方面的应用可以在一定程度上减少培养基配制等各个方面的能源消耗以及大幅度的降低配制、分装培养基和接种时的人力消耗。本章首先对植物培养生物反应器的概念和工作原理进行简要介绍，随后结合铁皮石斛的繁殖特点介绍适宜铁皮石斛培养的反应器的研制及利用其对铁皮石斛原球茎和种苗的扩繁涉及的相关技术参数等筛选研究过程，最后对反应器扩展应用于石斛属其他植物进行介绍，以探讨以铁皮石斛为模式植物开发的反应器在石斛属植物培养中的适用性和通用性。

第一节　植物培养生物反应器

1. 概念及工作原理

植物培养生物反应器是利用间歇浸没培养的原理，借鉴微生物发酵罐控制流程，在接种后的培养过程中营养物质的供给、成分的补充等通过机械完成程序控制，实现培养过程自动化的设备及系统。该反应器系统具备 4 个方面特征：（1）实现液体培养，无需琼脂等固体支撑物；（2）培养容量扩大（从组培瓶的 50~250 mL 到反应器的 5~6 L）；（3）培养过程中气体可以有效交换（固体培养时环境密闭，CO_2 不能及时与外界交换）；（4）通过外部组件控制培养条件，如培养基浸没时间、浸没频率、通气量、培养罐湿度等。其工作原理参见图 11-1，工作循环分成 4 个阶段：第一阶段，间歇阶段培养体不与培养液接触；第二阶段，在外力的作用下，培养液开始进入组培体生长室，完全与组培体接触进入浸没培养阶段；第三阶段，浸没阶段结束后，在重力及外力作用下，培养液开始与培养体分离；第四阶段，最后完全分离又进入到间歇阶段，完成一次循环。

2. 间歇浸没培养反应器的优点

间歇浸没植物培养生物反应器系统结合了固体培养（最大化气体交换）和液体培养（营养充

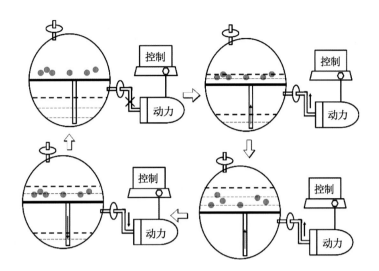

图 11-1　植物培养生物反应器的工作原理图

分的吸收）的优点，在多种植物幼苗和体细胞胚体的培养中具有一定的优势。植物的长势和繁殖率比传统的固体培养、半固体培养和液体培养都要好，所获得的幼苗和体细胞胚状体质量更高，适应环境能力更强，组培苗移栽成活率较高。例如，1999 年美国科学家利用间歇浸没系统培养替代传统固体培养生产的凤梨和甘蔗组培苗，根生长更好，植物更健康，移栽成活率更高。1983年，Harris 和 Mason 利用倾斜摇摆式间歇浸没培养模式培养葡萄藤和桤木叶唐棣，获得的组培苗和传统的半固体培养相比，不仅培养的周期缩短，而且根生长得更健康，生产成本也大大地降低。

另外，间歇浸没植物培养生物反应器自动化程度高，可减少劳动力的消耗，生产成本和传统的模式相比大幅度降低，在商业化生产上占有很大的优势。间歇浸没培养方式对组培苗质量优势主要有以下 2 点：

（1）减少玻璃化

液体培养增加了植物对营养物质的吸收效率，也促进了植物的生长，但是玻璃化现象普遍发生。玻璃化既有形态的变化又有生理的失调，例如，组培苗叶片和叶柄像玻璃一样光滑、透明、易折断以及凌乱的无节制的生长等。植物组织持续的接触液体培养基是出现玻璃化的主要原因。增加通风和植物材料间歇的接触液体培养基是降低玻璃化的有效的方法，而间歇浸没培养系统正好具备这两个特征。

（2）环境适应性强

利用传统的培养方式（固体培养和完全液体培养）获得的组培苗，对环境适应能力较弱，在炼苗阶段由于环境变化较大，一般成活率较低。但间歇浸没系统获得的植物由于在培养时就经历了外界空气的锻炼，因此，绝大多数能够成功的适应环境，炼苗成活率较高。例如，凤梨组培苗成活率与幼苗的大小息息相关，当幼苗高度超过 6 cm 时炼苗成活率可达到 90%～100%，间歇浸没培养系统能够提供较长的培养时间，凤梨组培苗高度均能超过 6 cm，所以利用间歇浸没系统培养得到的凤梨幼苗栽种后成活率很高。另一方面间歇浸没系统中由于气体交换充分植株很少出现玻璃化和徒长现象，组培苗更加健康，例如，间歇浸没系统培养的甘蔗组培苗比固体培养适应环境更强，炼苗成活率更高。

3. 关键培养参数

（1）浸没频率

间歇浸没植物培养生物反应器培养效果的好坏，关键的参数是浸没频率。浸没频率决定了反应器培养营养物质吸收的是否充足，并且决定着组培苗的玻璃化与否。浸没频率的设定变化很大，不同的植物适宜的浸没频率是不一样的。研究表明，高的浸没频率（≥1 h/6 h）有利于块根块茎形成，比如马铃薯；低的浸没时间（≤1 min/12 h）能够促进体细胞胚体的形成，比如咖啡和橡胶的体细胞胚体的培养。Krueger 在 1991 年从对花楸树幼苗的间歇浸没培养中证明了浸没频率直接影响着反应器培养效果，当浸没频率为 5 min/0.5 h，组培苗出现玻璃化现象，但浸没频率降低到 5 min/1 h 时，组培苗玻璃化问题消失。Berthouly 在 1995 年利用间隙浸没系统培养咖啡组培苗，优化浸没频率的实验中，当浸没频率为每 6 h 浸没 1 min、5 min 和 15 min 时，得到的增殖率分别为 3.5、5.4 和 8.4。一般情况下，浸没频率高，适宜获取植物组培苗，然而要想获得高质量的组培苗就要选择低的浸没频率，因此，在外植体培养的初期阶段即分化增殖阶段会选择较高的浸没频率，获得大量增生苗以后更改成低的浸没频率达到壮苗的效果。在改变浸没频率后，植物材料会出现一个短暂的适应阶段，如降低浸没频率植物出现脱水现象，但很快就会恢复。

（2）蔗糖浓度

多数植物进行组织培养时，一般情况下蔗糖浓度偏低，分化苗弱小，继续培养容易出现褐化现象，而且浓度越低，褐化情况越严重，组培苗最后失去活力而大量死亡。蔗糖浓度高，不但增加了生产成本，而且组培苗出现徒长现象，甚至玻璃化情况会加重。不同的外植体需要的最适宜蔗糖浓度也是不同的，所以，合适的蔗糖浓度对于间歇浸没植物培养生物反应器的培养效果来说至关重要。间歇浸没植物培养生物反应器是一种半开放式培养，培养过程中不断进行着反应器内外的气体交换，可为组培苗提供充足的 O_2、CO_2 等气体，有利于植物的呼吸作用和光合作用，所以对于大多数植物的反应器培养，营养液中提供碳源的糖分要低于传统的固体培养。

（3）接种密度

接种密度是每个外植体平均占有培养液的体积与液体培养基相比的接种量。对于间歇浸没植物培养生物反应器系统，液体培养基的体积很关键。1998 年 Lorenzo 确定了利用 TIBs 双瓶培养系统培养甘蔗分化苗的液体培养基体积为每个外植体需 50 mL 培养基，研究发现当培养液从每个外植体 5 mL 增加到每个外植体 50 mL 时培养 30 天增殖率从 8.3 增加到 23.9。然而并不是接种密度越低越好，培养液过多会稀释植物细胞所排出的促进其植物生长的化学物质的浓度，从而影响植物的生长。1999 年 Escalona 间歇浸没植物培养生物反应器系统获得了培养风梨的最适宜的接种密度为每个外植体 200 mL 液体培养基，这种情况就需要更大体积的反应装置来获得更高的产出。

4. 设备研制

植物培养生物反应器罐体分为上下结构，上部分为植物生长室、下部分为营养液储存室，两室通过中间的苗盘密封相隔，通过导管相通，可以认为是第二代植物生物反应器的升级版。第三代植物生物反应器对反应器罐体的材质和形状进行了重新选择和改造，使其更便于操作。根据罐体设计开发出注塑模具，形成标准化生产的反应器罐体，并且对控制和动力系统进行了整合，增加了多个浸没频率，同时设定和记忆的功能。

植物培养生物反应器罐体为开合式结构，生长室可以完全打开。生长室与苗盘和营养液储存室利用密封圈密封，采用 6 个内六角螺丝提供结合拉力。罐体材料是耐高温高压、耐腐蚀、透光率 ≥88% 的 PC 材料，轻便耐用，便于操作和运输。苗盘采用凹面结构，并嵌有导流槽，一方面使培养面积更大，另一方面营养液能够完全流入储液室。

控制和动力系统整合在一个装置内，其装置包括：（1）硬件配制：可编程控制器（PLC）+ 彩色触摸屏（HMI）+ 阀门 + 流量传感器；（2）软件配制：利用 HMI 专用开发软件，定制适合系统的操作界面，提供操作员密码保护、自动操作界面、监控界面等；（3）系统

图 11-2 反应器罐体的设计效果图

功能：操作员通过 HMI 的输入，可提供各种输入形式，包括各种培养参数，并有记忆功能。由 PLC 控制动力系统（气泵）的输出，控制气泵的定时开和关，并通过流量传感器，监控气泵出气量，出气量可在 HMI 上显示。时间控制由 PLC 程序控制。

植物培养生物反应器还开发了远程监控系统（手机 APP 终端），登录后可以远程监视和操作生物反应器的工作，并在出现工作异常时或培养完成时发出报警声音提醒用户，操作员无需进入培养室就能够进行反应器的培养监测，减少了人员进出组培室而造成组培室的环境污染。

植物培养生物反应器通过培养罐体的串联或并联实现高通量的培养和集约化生产，如图 11-3 为反应器中试生产车间。

图 11-3　植物培养生物反应器中试车间

第二节　铁皮石斛原球茎植物培养生物反应器高通量扩繁研究

铁皮石斛原球茎与完整植株在营养和药用组分种类及比例上基本一致，且原球茎具有很强的增殖能力、培养周期较短，通过组织培养方法能够快速大量地获取。铁皮石斛原球茎一定程度上能够替代植株，克服野生资源匮乏的问题。近期的报道表明，不同的培养方式影响原球茎的增殖和代谢产物的积累，液体培养获得的原球茎在生物量和多糖含量上均高于固体培养，然而完全的液体培养不利于原球茎的快速增殖。本节将介绍利用植物培养生物反应器扩繁铁皮石斛原球茎，讨论反应器培养原球茎的最佳条件，充分发挥反应器的高通量生产、自动化培养的优势，为原球茎的工厂化、规模化生产提供新的技术手段。

1. 材料与方法

（1）实验材料和设备

铁皮石斛种子：采收仿野生种植铁皮石斛的种子，无菌播种后诱导并增殖原球茎。

植物培养生物反应器：本章第一节介绍并研制的液体间歇浸没开合式植物培养生物反应器，反应器罐体体积为 6 L。

（2）培养基

液体增殖培养基配方：1/2 MS + 10%椰汁 + NAA 0.5 mg/L + 6-BA 1.0 mg/L + 蔗糖 10～50 g/L，pH 为 5.8～6.0，将配制好的培养基分装到三角瓶中，高温高压湿热灭菌冷却后备用。

（3）铁皮石斛原球茎的诱导

选取未破损的铁皮石斛果荚进行无菌处理。首先，将果荚在自来水下冲洗 30 min；其次，在超净工作台中依次将果荚放于 75%乙醇中浸泡 20～30 s、0.1%升汞中浸泡 10～15 min 进行表面消毒，每次浸泡后用无菌水漂洗 4～6 次，去除表面消毒液；最后，用无菌滤纸吸干果荚表面的水分，从果荚一端切一小口，将铁皮石斛种子均匀地撒在固体萌发培养基中培养，萌发培养基为 1/2 MS + 10%土豆 + NAA 0.5 mg/L + 蔗糖 20 g/L + 琼脂 7.2 g/L，pH 5.8～6.0，培养条件为温度（25±1）℃，光照强度 1 500～2 000 lx，光照 12 h/d，培养 30～45 d 后获得铁皮石斛原球茎，作为反应器增殖培养的材料。

（4）反应器培养原球茎条件优化

培养基蔗糖浓度的筛选：挑选生长状态统一，颜色均一的铁皮石斛原球茎，按 70 g/L 的接种量（接种量：1 L 液体培养基中接种的原球克数）接种至反应器中，培养基中蔗糖浓度设置为 10 g/L、20 g/L、30 g/L、40 g/L、50 g/L 5 个梯度。培养条件为温度（25±1）℃，光照强度 1 500～2 000 lx，光照 12 h/d，反应器的间歇浸没频率为 5 min/6 h。

接种量筛选：挑选生长状态统一，颜色一致的铁皮石斛原球茎，按预设的接种量分别接种至生物反应器中，培养基的蔗糖浓度为 20 g/L，接种量设定为 30 g/L、60 g/L、90 g/L、120 g/L、150 g/L。培养条件为温度（25±1）℃，光照强度 1 500～2 000 lx，光照 12 h/d，反应器的间歇浸没频率为 5 min/6 h。

间歇浸没频率的筛选：挑选生长状态统一，颜色一致的铁皮石斛原球茎，按 70 g/L 的接种量接种至生物反应器中，培养基的蔗糖浓度为 20 g/L，间歇浸没频率设定为 5 min/2 h、5 min/4 h、5 min/6 h、5 min/8 h 和 5 min/10 h。培养条件为温度（25±1）℃，光照强度 1 500～2 000 lx，光照 12 h/d。

以上各处理重复 3 次，蔗糖浓度、接种量及间歇浸没频率等实验均为培养 30 d 后取样检测。

（5）检测方法

鲜重、干重及增殖系数的测定：将反应器中的铁皮石斛原球茎取出，清除表面水分，称出此刻的重量，即鲜重；再将原球茎放在 108℃的烘箱中保持 30 min，之后 80℃烘至恒重，称得其干重。增殖系数 =（培养后鲜量 - 接种量）/接种量。

多糖含量检测：①制作标准曲线，准确称取于 105℃条件下干燥到恒重的葡萄糖对照品 50 mg 于 50 mL 量瓶中，加适量水溶解，稀释至刻度，摇匀备用。分别精密移取该溶液 4.0 mL、

5.0 mL、6.0 mL、7.0 mL、8.0 mL、9.0 mL、10.0 mL 于 50 mL 容量瓶中,加水稀释至刻度。摇匀后各取 1.0 mL 于 10 mL 刻度试管中,加水补足 1 mL,然后加入 6%苯酚溶液 1.0 mL 及浓硫酸 5.0 mL,静止 10 min,摇匀,再沸水浴 15 min 取出冷却至室温,然后用紫外分光光度计于 490 nm 测吸光度值,以 1.0 mL 水按同样显色操作为空白,以多糖浓度为横坐标,吸光度值为纵坐标绘制标准曲线。②提取和检测样品中的多糖,将反应器中的铁皮石斛原球茎取出收集,烘干后研磨,称取 0.1 g,置于 25 mL 具塞试管中。加入 10 mL 蒸馏水,超声处理 30 min,再放入恒温水浴锅中沸水浴浸提 3 h,冷却后离心去上清再用滤纸过滤,滤液倒入 10 mL 容量瓶并用蒸馏水定容后取 2 mL 置于 50 mL 容量瓶。取上述提取液 1.0 mL 于干净的试管中,然后加入 6%苯酚 1.0 mL 及 H_2SO_4 5.0 mL,静置10 min,摇匀,再沸水浴 15 min 取出冷却至室温,然后用紫外分光光度计于 490 nm 测吸光度值。以 1.0 mL 水按同样显色操作为空白。

结果计算:

$$多糖含量(\%) = \frac{C \times V_T}{W \times V_S \times 10^6} \times 100\%$$

其中:C——查标准曲线得到蔗糖含量,μg;

V_T——提取液总体积,mL;

W——样品干重,g;

V_S——测定时所取提取液体积,mL。

2. 结果与分析

利用植物培养生物反应器进行铁皮石斛原球茎扩繁的流程包括种子表面消毒、播种、种子萌发、原球茎的获取、生物反应器增殖培养等步骤,图 11-4 展示了铁皮石斛从种子到固体培养诱导原球茎再到反应器扩繁的过程状态。

图 11-4　铁皮石斛原球茎获取过程

注: A:果荚;B:种子萌发;C:反应器增殖原球茎。

（1）培养基蔗糖浓度对原球茎扩繁的影响

在植物生物反应器中，蔗糖浓度对铁皮石斛原球茎生物量的增加和多糖的积累有较明显的影响，结果见表11-1所示。随着蔗糖浓度的增加，铁皮石斛原球茎的平均鲜重、干重、增殖系数以及多糖含量都呈先升高后下降的趋势。当蔗糖浓度为20 g/L时，培养30 d后铁皮石斛原球茎的鲜重、干重、增殖系数以及多糖含量均为最高，且较其他处理存在极显著差异。当培养基中蔗糖浓度过高或过低时各项表现均不同程度的变差，说明低浓度的蔗糖会由于营养供应不足导致原球茎增殖受阻，但蔗糖浓度过高又也会造成渗透压等各方面的原因阻碍原球茎的增殖。另一方面，由于在反应器培养的过程中，不断进行有效的气体交换，使得反应器罐体中的 CO_2 浓度维持较高的水平，为原球茎的生长提供了部分碳源，因此最适的培养基蔗糖浓度为20 g/L，低于最适的固体培养基的蔗糖浓度30 g/L。

表 11-1 蔗糖浓度对反应器扩繁原球茎的影响

蔗糖浓度（g/L）	鲜重（g）	干重（g）	增殖系数	多糖含量（%）
10	452.16 ± 5.69 b	13.58 ± 0.65 b	5.55 ± 0.16 b	5.52 ± 0.54 d
20	596.04 ± 5.08 a	19.15 ± 0.87 a	7.61 ± 0.17 a	23.61 ± 0.95 a
30	342.7 ± 6.54 c	9.53 ± 0.39 c	3.94 ± 0.13 c	12.64 ± 0.89 b
40	260.13 ± 4.4 d	7.42 ± 0.18 d	2.67 ± 0.10 d	9.32 ± 0.31 c
50	204.87 ± 3.4 e	6.33 ± 0.16 d	1.92 ± 0.05 e	7.48 ± 0.74 cd

注：同列不同小写字母表示差异显著（ $P < 0.05$ ）。

从原球茎生长状态来看，各个蔗糖浓度下的原球茎大小、颜色均呈现不同状态。当蔗糖浓度较低的情况下，原球茎的颗粒较大，不均一，颜色深绿；在蔗糖浓度较高的培养基中培养的原球茎生长受抑制，颗粒大小均一，颜色却越来越黄，最终在蔗糖浓度为50 g/L时，原球茎全部变为黄色，不能正常生长。而在蔗糖浓度为20 g/L时，原球茎的大小和颜色均一，且未出现分化现象，达到最佳的生长状态。

综合以上各个因素，利用植物生物反应器扩繁原球茎时最适宜的蔗糖浓度为20 g/L。

（2）接种量对原球茎扩繁的影响

由表11-2看出，接种量对原球茎的反应器增殖有一定的影响。增殖系数呈现显著的先上升后降低的趋势，接种量低于120 g/L时，增殖系数呈上升趋势，接种量为120 g/L时，增殖系数达到最大值8.57，显著高于其他处理。从多糖含量来看，多糖含量与增殖系数及平均鲜重呈正相关，同样在接种量为120 g/L时，多糖含量有最大值23.69%，显著高于其他处理下的含量。

从原球茎生长状态来看，各个接种量下的原球茎颗粒大小均一，而原球茎的颜色差异不是很大。

表 11-2　接种量对反应器扩繁原球茎的影响

接种量（g/L）	增殖系数	多糖含量（%）
30	6.74±0.05 e	14.96±1.11 c
60	7.85±0.05 d	15.81±0.86 bc
90	8.07±0.04 c	18.49±1.17b c
120	8.57±0.04 a	23.69±1.21 a
150	8.24±0.02 b	19.17±1.09 b

注：同列不同小写字母表示差异显著（ $P<0.05$ ）。

综合以上几个方面，当接种量为 120 g/L 时，增殖系数、多糖含量及原球茎的生长状态均达到最佳状态，因此选取在 120 g/L 作为植物生物反应器扩繁铁皮石斛原球茎的最佳接种量。

（3）间歇浸没频率对原球茎扩繁的影响

由表 11-3 看出，从增殖系数来看，这五个处理中，5 min/8 h 处理下的原球茎增殖系数最高，可达到 6.93，与其他 4 组处理形成显著性差异。从平均鲜重来看，当间歇浸没频率为 5 min/2 h，5 min/4 h，5 min/6 h，5 min/8 h 时，原球茎的平均鲜重随着间歇浸没频率的减慢而增加，在5 min/8 h 时呈现最大值553.80 g，5 min/10 h 时，平均鲜重有所下降。

表 11-3　间歇浸没频率对反应器扩繁原球茎的影响

间歇浸没频率	平均鲜重（g）	平均干重（g）	增殖系数	多糖含量（%）
5 min/2 h	448.18±3.39 e	12.38±0.09 d	5.40±0.05 e	7.83±0.84 c
5 min/4 h	482.85±2.01 d	12.70±0.03 d	5.85±0.05 d	9.52±1.13 c
5 min/6 h	512.98±3.47 c	13.29±0.24 c	6.32±0.04 c	13.93±1.57 b
5 min/8 h	553.80±2.76 a	14.61±0.07 a	6.93±0.06 a	20.98±2.09 a
5 min/10 h	531.57±2.05 b	13.92±0.06 b	6.57±0.04 b	17.51±0.85 ab

注：同列不同小写字母表示差异显著（ $P<0.05$ ）。

从原球茎中所含多糖含量来看，多糖含量趋势类似于平均鲜重趋势，都是先增高后降低，在5 min/8 h时的多糖含量为 20.98%，达到最大值，明显高于其他处理下的含量。

从原球茎生长状态来看，各间歇浸没频率下的原球茎颗粒大小不一，而原球茎的颜色差异也很大。当间歇浸没频率较高的情况下，原球茎的颗粒或大或小，颜色较黄，呈现分化的趋势，由此看来高频率不利于原球茎增殖。而在间歇浸没频率为 5 min/8 h 时，原球茎的大小和颜色均一，且未出现分化现象，达到最佳的生长状态。

综合以上几个方面，当间歇浸没频率为在 5 min/8 h 时，平均鲜重、增殖系数、多糖含量及生长状态均表现最佳，因此选取在 5 min/8 h 作为植物生物反应器扩繁铁皮石斛原球茎的最佳间歇浸没频率。

3. 讨论

铁皮石斛果荚经过表面消毒，均匀的播撒种子于萌发培养基中诱导原球茎。待种子萌发后渐渐长出铁皮石斛原球茎，将这些幼嫩的原球茎转接到新的固体增殖培养中增殖，积累一定量后，再转接到植物生物反应器中扩大培养。在利用植物生物反应器扩繁铁皮石斛原球茎的培养过程中，分别从培养基中蔗糖浓度、马铃薯添加量、接种量及反应器间歇浸没频率四个方面对其培养条件进行了筛选优化。再通过收获的原球茎的平均鲜重、干重、增殖系数、可溶性多糖含量及原球茎生长状态等方面综合考察得到最适培养条件。最终得到的最佳培养条件的结果为：蔗糖浓度30 g/L，马铃薯添加量50 g/L，接种量120 g/L，间歇浸没频率3 min/8 h。这一培养条件下培养的原球茎生长状态最佳，充分发挥了植物生物反应器的优势，应用前景可观。

以组培方式代替野生生长模式是近年来解决珍稀中药材的有效途径之一。研究发现，生物反应器培养比固体培养和液体悬浮培养更能够提高原球茎的增殖率，在较短的时间内，可获得大量的原球茎，且生物反应器培养的铁皮石斛原球茎生物量和多糖含量均高于铁皮石斛栽培苗和组培苗，具有较高的营养价值，在当今主要药典石斛紧缺的情况下，通过组培方式获得的铁皮石斛原球茎可以弥补铁皮石斛资源的不足的问题。

第三节　铁皮石斛种苗植物培养生物反应器高通量扩繁研究

应用植物组培快繁方法能够有效解决铁皮石斛种苗短缺的问题，目前有关铁皮石斛的快速繁殖技术在国内外已多有报道。铁皮石斛组织培养多采用固体培养的方式，此方式是一个劳动密集型技术，人工成本可以占到生产总成本的60%以上，人工的大量投入又造成了污染的增加，进一步增加了生产成本。另外由于培养过程是在一个相对密闭的空间，无法有效地进行气体交换，组培苗的生长受到影响，培养周期延长，种苗质量不高，移栽成活率降低。

植物培养生物反应器系统是近年来发展起来的一种植物组织培养系统，结合了固体培养最大气体转换和液体培养营养物质充分吸收利用的优点，具有培养周期短、增殖率高、自动化程度高、培养通量大等特点。本部分铁皮石斛原球茎为实验材料，对铁皮石斛组培苗进行间歇浸没式培养研究，以期建立一种新的铁皮石斛种苗生产模式。

1. 材料与方法

（1）实验材料与设备

外植体：利用植物组织培养方法获取的铁皮石斛原球茎。

植物培养设备和容器：液体间歇浸没开合式植物培养生物反应器；固体培养所使用的容器为500 mL 的兰花瓶。

（2）铁皮石斛种苗生物反应器培养

将一定重量的铁皮石斛原球茎接种到 100 mL 无菌的液体培养基中，适应性培养 3～5 d，观察无污染后同液体培养基一同倒入无菌的反应器罐体，并补充 900 mL 液体培养基，完成接种，将反应器罐体连接到反应器的动力和控制系统中，设定浸没频率后进行培养。基本液体培养基为：花宝 2 号 3 g/L + 蛋白胨 1 g/L + 土豆 80 g/L + 香蕉 60 g/L + AC 1.0 g/L，pH 6.0；培养环境为温度（25±1）℃，光照强度 1 500～2 000 lx，光照周期 12 h/d，培养周期为 75 d。

（3）反应培养铁皮石斛种苗的条件优化

浸没频率优化：浸没频率为生物反应器培养的重要参数之一，直接影响植株生长情况。采用单因素分析，固定接种量为 10 g、蔗糖浓度为 30 g/L，设定浸没时间为 5 min，间隔时间为 1 h、4 h、8 h、12 h，实验组分别命名为 A_1、A_2、A_3、A_4。

接种量优化：反应器罐体中的接种量决定着罐体空间的利用率。采用单因素分析，固定蔗糖浓度为 30 g/L、浸没频率为 5 min/8 h，设定每个罐体原球茎的接种量为 1 g、5 g、10 g、15 g，实验组分别命名为 B_1、B_2、B_3、B_4。

培养基中蔗糖浓度优化：培养基中的糖成分为植物的生长提供了碳源，培养基中蔗糖的浓度直接影响植株的增殖和生长情况。采用单因素分析，固定接种量为 10 g、浸没频率为 5 min/8 h，设定培养基中糖浓度为 0 g/L、10 g/L、20 g/L、30 g/L，实验组分别命名为 C_1、C_2、C_3、C_4。

对照组铁皮石斛种苗的固体培养：固体培养使用 500 mL 的兰花瓶作为实验容器，每瓶中放入 100 mL 固体培养基，并接种 1 g 原球茎。固体培养基配方为 1/2 MS + 土豆 50 g/L + NAA 0.5 mg/L + 蔗糖 30 g/L + 琼脂 6.5 g/L，pH 6.0。培养环境与反应器培养实验组相同。

（4）检测方法

生长状态及增殖系数检测：培养 75 d 后，取出铁皮石斛组培苗，分别测量株高、根长和茎粗。将组培苗用清水洗净，吸水纸吸干表面水分，精确称量鲜重，增殖系数 = （培养后鲜量 − 接种量）/接种量。

多糖含量的检测：检测方法如上一节 2.1.5 多糖检测部分。

2. 结果与分析

（1）不同培养条件对组培苗生长状态的影响

植物生物反应器中不同培养条件下铁皮石斛组培苗的形态如表11-4所示，浸没频率不同组培苗形态出现明显差异，从数据可以看出间隔时间长时植株茎的生长状态较好，间隔时间短时根的生长状态较好，即实验组 A_3 和 A_4 植株茎的高度和茎粗优于其他两组，且差异显著；而实验组 A_1 和 A_2 根长优于其他两组，但 A_2 和 A_3 差异不显著，根据种苗移栽经验根不宜太长，因此最佳的反应器培养种苗的浸没频率为实验组 A_3。

接种量对组培苗生长状态的影响，表11-4中可看出，组培苗生长状态最好的为实验组 B_3，优于接种量较低的实验组 B_1 和 B_2，说明铁皮石斛种苗的生长具有一定的群体效应，但当接种量过高，由于空间不足组培苗相互"挤压"生长受到影响，组培苗细弱。

表 11-4　不同反应器培养条件对铁皮石斛组培苗形态特征的影响

处理方法	编号	株高（cm）	根长（cm）	茎粗（mm）
浸没频率	A_1	2.85±0.12 c	3.00±0.43 a	2.83±0.13 c
	A_2	2.89±0.11 c	2.62±0.22 b	1.99±0.07 d
	A_3	6.00±0.21 a	3.36±0.15 bc	3.18±0.11 ab
	A_4	4.27±0.15 b	1.20±0.16 d	3.38±0.16 a
接种量	B_1	1.97±0.07 d	2.11±0.11 b	3.00±0.10 b
	B_2	3.84±0.07 b	3.41±0.12 b	3.64±0.12 a
	B_3	5.28±0.13 a	4.27±0.18 a	3.54±0.11 a
	B_4	2.94±0.06 c	3.90±0.19 c	2.75±0.10 c
培养基蔗糖浓度	C_1	2.45±0.05 c	2.20±0.10 c	1.06±0.03 d
	C_2	3.53±0.07 a	1.66±0.06 d	1.83±0.04 c
	C_3	5.66±0.16 a	4.04±0.11 a	4.15±0.07 a
	C_4	5.25±0.15 b	3.14±0.19 b	3.32±0.13 b

注：同列不同小写字母表示差异显著（ $P<0.05$ ）。

间歇浸没植物培养生物反应器培养是一个半开放式的培养，在培养的过程中进行了有效的气体交换，为组培苗的生长提供充足的 CO_2，因此对液体培养基中蔗糖（碳源）需求量减少。从表11-4可看出，当蔗糖浓度为 C_3（20 g/L）时组培苗的生长状态最佳，而固体培养一般使用的蔗糖浓度为30 g/L，因此可以看出植物培养生物反应器培养可以节省部分糖源；当培养基中不含蔗糖时，组培苗也有一定的生长，说明该反应器具有无糖培养的潜力。

（2）不同培养条件对增殖的影响

增殖系数是培养能力的重要表现形式之一，通过在不同的浸没频率、接种量、蔗糖浓度条件下培养铁皮石斛组培苗75 d后进行增殖系数的测定，结果如图11-5所示，浸没频率为 A_3、接种量为 B_3、蔗糖浓度为 C_3 时，所获得的增殖系数最高；通过浸没频率实验组与其他实验组增殖情况相比较发现，前者均高于后两者，也可以说明浸没频率是影响铁皮石斛组培苗反应器培养增殖系数的关键因素。

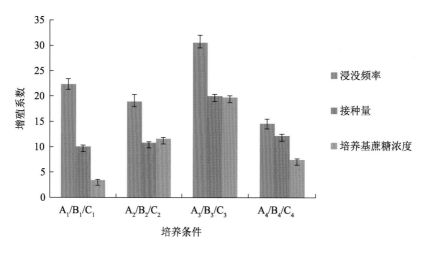

图 11-5　不同培养条件对铁皮石斛组培苗增殖系数的影响

（3）不同的培养条件对组培苗中多糖含量的影响

利用反应器培养铁皮石斛组培苗，75 d 后检测不同培养条件下组培苗中多糖含量情况，结果如图 11-6 所示：浸没时间 5 min，间隔时间为 8 h（实验组 A_3）有利于组培苗中多糖的积累，并与其他实验组差异显著；接种量为 10 g（实验组 B_3）时，检测的组培苗中多糖含量最高；随着培养基中蔗糖浓度的提高，组培苗中多糖含量也逐渐提高，C_4 时为最高。

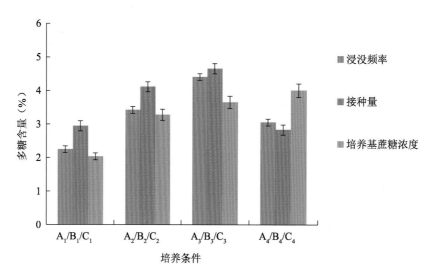

图 11-6　不同反应器培养条件对铁皮石斛组培苗多糖含量的影响

（4）不同培养方式的比较

传统的植物组织是以琼脂为支撑物的固体培养，目前绝大多数兰科植物的种苗生产采用该技术，但由于该技术使用相对密闭的小容器，培养的过程无法进行有效的气体交换，种苗生长受到一定的影响。将相同培养条件下铁皮石斛的固体培养和间歇浸没式植物培养生物反应器培养进行比较，反应器获得植株生长状态明显优于固体培养，前者的株高 5～8 cm、茎粗 2～3 mm、根长 3～5 cm，后者的株高 4.5～6 cm、茎粗 1～2.5 mm、根长 2～5 cm。通过组培苗中多糖含量比较也发现反应器培养的组培苗多糖含量均显著高于固体培养，前者的数值为 5.82%，后者的数值是 3.41%。采用树皮为基质，相同的水肥管理，比较种植 30 d 后两种培养方式下的种苗炼苗成活率，反应器种苗炼苗成活率高达 100%，而固体培养为 95%，并且发现反应器培养的种苗更早长出新芽，生长状态好于固体培养。

3. 讨论

铁皮石斛是石斛中的名贵品种，目前野生的铁皮石斛越来越少，人工种植已经有较大规模，因此优质种苗是降低生产成本的关键。

目前铁皮石斛种苗的生产方式主要是植物组织培养，且以玻璃或塑料瓶为容器、琼脂为支撑物的固体培养为主，容器的密闭性限制了有效的气体交换，组培苗生长受到抑制。为了便于操作和避免污染，容器一般较小，所能提供的营养物质有限，在培养的过程中需要将组培苗不断的转接到新的培养基中来保证其正常生长，因此需要大量的人工、物料等投入，导致生产成本较高。

间歇浸没式植物培养生物反应器是在传统的固体和液体组织培养的基础上，采用机械动力、程序控制等实现半自动培养的一种方法。该方法采用液体培养实现了培养容器的增大和营养物质的高效利用，采用无菌空气压缩产生的气压驱动液体培养基流动并实现容器内外气体的有效交换，从而实现了培养周期的缩短和组培苗的健康生长，提高了生产效率、降低了生产成本，并且由于培养容器的增大和容器的串并联，实现了高通量的培养。

间歇浸没式植物培养生物反应器的重要培养参数是浸没频率、接种量和培养基蔗糖浓度。其中，浸没频率决定了营养物质的吸收是否充分，组培苗的玻璃化与否。一般高的浸没频率易于生成块茎，如半夏离体块茎培养，低的浸没率能够促进细胞胚体的形成，如蝴蝶兰的原球茎培养。接种量决定了培养容器的空间利用率和组培苗的生长状态，接种量过低，成苗后的容器空间没有完全利用造成浪费，接种量过高，组培苗相互拥挤，不能正常生长，如白及种苗的培养。培养基蔗糖浓度决定了组培苗是否能够健康生长，一般情况下蔗糖浓度偏低组培苗弱小，容易出现褐化，蔗糖浓度过高，组培苗徒长，加重玻璃化情况。通过培养条件的优化，间歇浸没式植物培养生物反应器已成功应用于多种植物的培养中，但不同植物的生活习性不同，培养条件各不相同，需对每一种植物的培养参数进行优化。

　　本节通过对培养参数的优化，建立了铁皮石斛间歇浸没植物培养生物反应器液体培养体系，为铁皮石斛优质种苗的生产提供一种高效率、低成本的方法。

第十二章 铁皮石斛集约化优质栽培技术

优质高效的铁皮石斛集约化栽培技术主要分为 2 种：一是无公害栽培技术，二是有机栽培技术，现在倡导的生态栽培模式可以归并到有机栽培技术中，所以优质的铁皮石斛产品一定是严格按照无公害栽培技术标准或有机栽培技术的操作规程生产出来的产品。

铁皮石斛的人工栽培多采用大棚设施栽培，才能确保成功。如果在栽培过程中没有规范的技术指导，病虫害滋生是极易发生的。一些种植户片面追求产量，大量使用农药与化学肥料，导致了铁皮石斛产品农残及重金属超标的现象屡有发生。

目前，铁皮石斛是我国 2020 年最新批准试点的药食同源品种，需要各企业严格控制其产品质量。"铁皮石斛无公害栽培技术"从种植地到产品利用的全程质量把控均需体现优质、无污染的准则，农药残留、重金属含量均应符合我国国家与行业的无公害标准；"铁皮石斛有机栽培技术"是指必须按照有机农业生产要求和相应标准进行生产加工，并且通过合法的、独立的有机食品认证机构认证。一般的农药与化肥都是禁止使用的，优质的生态栽培模式、生物农药、生物肥料等则受到青睐。

第一节　铁皮石斛集约化无公害栽培技术

铁皮石斛集约化无公害栽培与管理规范应贯穿于场地与设施准备、基质准备、栽培过程、水肥管理、病虫害防治、采收与贮藏等诸多环节中。有关整个栽培过程中铁皮石斛的种质、大气环境质量、地面水环境质量、土壤环境质量、农田灌溉水质、农药安全使用等方面，可参考如下文件中的条款：

（1）GB 3095 大气环境质量标准；

（2）GB 3838 地面水环境质量标准；

（3）GB 5084 农田灌溉水质标准；

（4）GB 15618 土壤环境质量标准；

（5）GB 4285 农药安全使用标准；

（6）GB/T 8321.1 农药合理使用准则；

（7）GB/T 8321.4　农药合理使用准则；

（8）食品药品监督管理局《中药材生产质量管理规范（GAP）》；

（9）《中华人民共和国药典》2020 最新版。

一、设施栽培

1. 栽培场地

栽培地选择：

大棚栽培应选择远离公路和工厂的无污染的农用耕地及山间平地进行，具备地势平坦、光照充足、通风良好、不易遭受暴雨洪灾等条件、便于大棚搭建（图12-1）。

水利条件：

具有良好的可灌溉的水源，旱季不缺水，雨季不积水。栽培地附近应建设水塘，并辅助建设好通水渠道和相关辅助设施。在江苏、安徽地区，水源直接取自达标的长江水或山间无污染的雨水，才可保证灌溉水品质（图12-2）。

图 12-1　栽培基地选址　　　　　　　　　　图 12-2　喷灌用水净化池

2. 栽培设施

土地整理与消毒：

搭建栽培设施前将土壤进行整理，曝晒后表面撒生石灰进行消毒，用防虫网将土壤覆盖，可以防止虫害和杂草生长，减少种植时的管理成本。

设施准备：

铁皮石斛栽培以搭建大棚设施栽培为佳，选择玻璃温室大棚、塑料大棚为佳，配备遮阳网、喷雾和灌溉设备等辅助设施。

玻璃温室：

采用独立设计的双层玻璃大棚温室进行栽培，温室高 5 m 以上，配有喷灌设备；大棚四周配有水帘等温度调节装置，大棚顶部配有自动控制遮阳网设施，温室上部安装有空气循环风机（图12-3，图12-4，图12-5，图12-6）。玻璃温室造价较高，可作为栽培示范区域建设使用。

玻璃温室的建立需要满足：棚的大小要根据种植规模的大小合理设计，如温室可以根据各自的需求，每个单元可以设计成 120 m×50 m 或更大型规格，顶高 5 m 以上；苗床间需要预留0.5 m 左右的小道；两排苗床间留有 1.5～2 m 的通道或可以通过移动苗床腾出人行通道，有利于管理和参观；玻璃温室四周和入口处需装上防虫网以防虫害，高端的展示温室应具备地下水水帘降温装置，确保夏冬季的温室温度达标。

图 12-3　玻璃大棚外观，顶部装有电动遮阳网

图 12-4　玻璃大棚的内部结构

图 12-5　玻璃大棚的内部水帘控温装置

图 12-6　玻璃大棚的内部水帘控温的大风扇

塑料大棚：

　　该类型的大棚为简易的单栋大棚设施，大棚顶上需有塑料膜和外遮阳网，采用镀锌钢管或者竹材等坚固设施搭建（图 12-7）。棚高约 3.0 m、宽 6.0 m 为宜，长度不超过 30 m 为宜，遮阳网透光率为 50%～70%（图 12-8）。也可以采用连栋塑料大棚设施进行铁皮石斛人工栽培，遮阳网在连栋大棚顶端，电动控制遮阳网开闭（图 12-3）。

图 12-7 简易塑料大棚钢架搭建

图 12-8 建成后的简易单栋塑料大棚

喷灌设施：

直接从长江水源或山泉水库取水，应设灌溉用过滤器，保证喷水畅通。喷嘴距苗床 35 cm 左右，做到喷洒均匀，保障水源供给。

栽培苗床：

铁皮石斛栽种于架子上，栽培架高 0.3～0.8 m（可根据各地的夏秋季雨量情况决定），宽 1.2～1.5 m，苗床间距 0.5 m，栽培架应配有可移动及摇动手轮等工具。在温室内搭建苗床易于控制水分、透气，便于铁皮石斛管理，为幼苗的生长提供适宜条件。可用角钢、空心水泥砖等材料作为苗床的框架见图 12-10。

图 12-9 基地喷灌用水大型砂石过滤器

图 12-10 连栋大棚内栽培苗床搭建

3. 栽培基质

基质选择：

栽培基质的选择至关重要，将直接影响铁皮石斛移栽的成活率与生长、繁殖状况，从而关系到后续产量。栽培基质主要包括杉木粗碎块（图12-11）、马尾松树皮（图12-12）等。

图12-11　栽培基质用的杉木粗碎块

图12-12　栽培苗床搭建用石棉瓦与基质用马尾松树皮

基质处理与铺设：

基质使用前可根据来源、种类进行适当的消毒，消毒使用1/1 000的高锰酸钾，堆放24～48 h后使用。

栽培基质铺设前，先用石棉瓦铺好苗床，消毒。消毒后将杉木粗料铺在石棉瓦苗床上，厚度9～10 cm，表面3 cm为杉木的树皮等，铺在栽培架上的基质总厚度约12～13 cm，见图12-13、图12-14。苗床周围用木板、竹片、塑料扣板或塑料栽培盆围挡。苗床的下面土壤表面用防虫网覆盖，一方面可以防止杂草，另一方面可以防止害虫出没或滋生。

图12-13　苗床基质底部的杉木粗料铺设

图12-14　苗床基质底部的杉木粗料与上层马尾松树皮铺设

4. 栽培定植过程

（1）铁皮石斛种苗

组培苗根长生长至0.5～1.0 cm时是移植的最佳时期。栽培前，铁皮石斛组培苗需在连栋大棚内炼苗 15～20 d（图 12-1-15），优质苗的根为 2～3 条，株高≥3.5 cm，茎直径≥0.25 cm，见图12-16。

栽培时应用清水洗净组培苗根上的培养基，用 0.1% 的百菌清液浸泡消毒，防止根部腐烂。洗净后的组培苗需放在塑料框内数小时至晾干，待根部发白后再行栽培，见图12-17。

图 12-15　炼苗中的铁皮石斛瓶苗

图 12-16　优质待栽种的铁皮石斛瓶苗

图 12-17　洗净后晾干中的铁皮石斛组培苗

（2）栽培季节

铁皮石斛组培苗宜于每年 4 月下旬至 5 月底或 9 月下旬至 10 月底栽培。设施大棚可以常年移栽，冬季应在有加温的设施中栽培。

（3）栽培方式

栽培时株行距应保持在 15 cm×20 cm 左右，种植时可在基质上挖 2～3 cm 深的小洞，轻轻将炼苗后的组培苗根部放入小洞中，保持根系自然舒展（注意不要弄断肉质根），以基质覆盖住根部为宜，轻轻提苗，使根系与基质充分接触，最后浇足定根水。铁皮石斛为<u>丛生</u>植物，多株种植比单株种植长势更好，以 3 株 1 <u>丛</u>种植更适宜，每亩种苗量为 10 万株或 4～5 万<u>丛</u>以上。

图 12-18　铁皮石斛组培苗的苗床基质栽培

铁皮石斛试管苗的大小与成活率关系不明显，而产量与试管苗粗壮程度关系极为明显。苗的细弱与种子的发育程度及培养基的配方不良密切相关，弱小幼苗适应外界的能力和抵抗力都很差，生长较为缓慢。所以应将弱小苗、少根苗和污染苗与正常苗分开栽培，以便管理。

5. 栽培生态因子

（1）水源

铁皮石斛基地应水源充分，水质清洁，pH 值 6.6～6.8，使用长江水源、山间水库的溪水或饮用水源为最佳，也可以收集连栋大棚的雨水进入净化池使用。

（2）光照

铁皮石斛为耐阴性较强的附生植物，依据铁皮石斛生长习性，采用 30%～70% 的遮阳网降低光照，生长前期遮阳率应≥70%，不宜高温和阳光直射。温室大棚多采用 70% 遮阳率的活动遮阴网进行遮光处理。夏季适当增加遮光度，可以降低强光照射，避免叶片变黄脱落，冬季则应适当增加光照强度，避免光照不足造成叶片生长柔弱。铁皮石斛幼苗生长的适宜光照强度为 2 500～3 000 lx。

（3）温湿度

铁皮石斛生长的适宜温度为 25～28℃，生长季节栽培棚内的温度应注意控制在 10～35℃ 范围内，空气湿度为 65%～80%，避免高温多湿环境。一年以上的铁皮石斛大苗对温湿度有较好的耐受性。

（4）水分

铁皮石斛为兰科植物，跟其他兰花栽培一样，基质以偏干为宜，种植第 3 天开始浇水，以后每 1～2 天喷一次小水，每 7～10 天喷一次透水。

6. 水肥管理

（1）常规施肥

施肥可以促进铁皮石斛的生长，应根据不同的生长阶段合理施肥，并科学合理搭配肥料的种类和数量。

可于栽种一周后喷施叶面肥，每 7～10 天配合浇水喷施 N∶P∶K ＝ 20∶20∶20 的复合叶面肥 1 次。开春后应在基质中增施发酵后的羊粪以及颗粒缓释复合肥，每 7～10 天喷施 N∶P∶K ＝ 20∶20∶20 的复合叶面肥 1 次；开花前一个月喷施 N∶P∶K ＝ 10∶30∶20 的复合叶面肥 1～2 次；在江浙皖赣等地区，立秋以后可以间隔喷施 N∶P∶K ＝ 10∶15∶30 高钾复合肥；10～11 月份也可以追施 0.1% 的磷酸二氢钾。

（2）水分管理

天气干旱时结合追肥进行浇水，伏天时，禁止在阳光曝晒下喷水。下雨天应建好沟渠，避免水沟淤泥阻塞水流排出，注意加深畦沟和排水沟，及时排水。定植完 1 周内应保持基质湿润，但应控制不积水。洒水仅用于增加室内空气湿度，避免叶片水分过度蒸腾而萎蔫。新根萌动后，以间干间湿的原则进行浇水，每次浇足后，待基质表层发白后再浇透，不能浇表面水。不同季节浇水量也不同，夏天气温高、蒸发量大，可于早晚喷水，一天需浇两次；冬季（从当年 12 底至次年 2 月底）温度较低，铁皮石斛苗不需过多水分，故一般不用喷水。

（3）除草

栽种后，应及时人工除草和疏松基质，防止杂草消耗营养或引来虫害。

越冬管理：

越冬保温措施有增加覆盖膜及无纺布等，无纺布架设在苗床上 0.5 m 处，防止水珠滴落叶片表面造成冻害。入冬前对铁皮石斛进行抗寒锻炼，并适当降低湿度，每 15 天左右浇透水 1 次。整个冬季 12 月底至 2 月底无须喷水。越冬季节铁皮石斛茎出现收缩为正常现象，来年浇水后会恢复如初。

二、铁皮石斛贴树栽培

最常见的仿野生栽培为仿野生贴树栽培。可选择气候适宜的山区林地进行贴树栽培，林地树种可以为梨、桂花、杨梅、女贞、枣、茶、板栗、香椿、香樟等阔叶树种，还可以选择银杏、杉木、水杉、中山杉等裸子植物树干，热带、亚热带地区的菠萝蜜、龙眼、荔枝、芒果树等植物的树干都适合贴树栽培（图 12-19、图 12-20）。

图 12-19　铁皮石斛杉木林贴树栽培

图 12-20　铁皮石斛梨树上贴树栽培

在栽培时，可预先把树干的侧枝修理干净，将 2～3 年生铁皮石斛大苗的根部用水苔草包裹、用麻绳或钉子固定在树干上即可。树干上端应装有喷灌设施，整个树林的喷灌设施应串联在一起，便于集中控制。

在准备铁皮石斛大苗时要特别注意根部消毒，在定植的铁皮石斛植株与树干建立附着生长的过程中，如发现被固定的植株有茎腐病，应立即清除并彻底对发病部位及其下方的栽培区域进行彻底消毒。

仿野生贴树栽培的铁皮石斛一旦有新芽发出，其发出的不定根就会立即附着在树干上，吸收树干的营养成分。应给与仿野生贴树栽培的铁皮石斛适当的叶面施肥，这样铁皮石斛就会长得更好。

在连栋大棚内可以开展贴树栽培，用角钢搭成支架，将 2～3 根杉木段绑在一起，在其夹缝中种上铁皮石斛 2 年大苗，根部包裹适量的水苔草即可，见图 12-21。或者将杉木段垂直放置，在杉木段上捆绑铁皮石斛大苗，根部附有水苔草，见图 12-22。这样种植的铁皮石斛，其生长环境通风、透光，植株不易生病，不用农药，故其品质较好。

图 12-21　连栋大棚内角钢支架杉木段
的铁皮石斛贴树栽培

图 12-22　连栋大棚杉木柱的铁皮石斛贴树栽培

铁皮石斛的贴树栽培也可以在连栋大棚之间的空地上开展，其方法是在农田里先种上合适的树种或去除顶部的大树干，然后在树干上进行仿野生的贴树栽培，见图12-23。

图12-23　连栋大棚空地上室外的铁皮石斛贴树栽培

　　另一种仿野生栽培方式为仿野生贴石栽培。最好选择有野生石斛属植物分布的山区岩壁进行贴石栽培，没有野生铁皮石斛分布的山区，如生境合适也可以进行贴石仿野生栽培，可选择略微背阳的岩壁。岩壁最好为丹霞地貌，也可以为石灰岩地貌，但重金属含量不可以超标，也不能含有放射性元素，见图12-24，图12-25。在岩壁上长成的铁皮石斛饱受阳光雨露，其品质较好，但产量不高。在连栋大棚内也可以进行贴石栽培，需将大小合适的石头搬进大棚，然后根据石头造型进行植株固定（详情请参见江苏北环生物科技有限公司的实例图版）。

　　铁皮石斛植株贴石栽培的固定方法：将2～3年生的铁皮石斛大苗的根部用少许水苔草包裹，用电锤将大苗根部固定在岩壁上即可。

图12-24　山坡铁皮石斛贴石栽培

图 12-25　铁皮石斛贴石栽培近距离拍摄

第二节　铁皮石斛有机栽培技术

根据《有机产品生产、加工、标识与管理体系要求》（GB/T 19630—2019）的规定，有机铁皮石斛是指在铁皮石斛的整个生产过程中不使用化学合成的农药、化肥、除草剂、生长调节剂，以及基因工程生物及产物，遵循自然规律和生态学原理，采用一系列可持续性发展的农业技术，并根据相应的生产和加工标准，通过独立的有机食品认证机构认证的产品。

一、生产基地要求

1. 基地基本要求

在《有机产品生产、加工、标识与管理体系要求》国家标准（GB/T 19630—2019）中规定，铁皮石斛有机生产的地块必须是具有一定面积、集中连片，其内不能夹杂非有机铁皮石斛生产田块，并与周围隔离或设有缓冲带的有机农业生产区域（缓冲带是指有机铁皮石斛生产区与非有机石斛生产区之间界限明确的隔离带，用来防止有机生产区受到邻近非有机地块传来的禁用化学物质带来的污染）。

有机石斛生产基地与常规石斛生产基地之间必须有缓冲带或者物理屏障（如沟渠、河流、道路、人工林等）。缓冲带应有明显的标志。缓冲带上种植的产品也必须按照有机方式栽培管理和收获，但要建立单独的收获销售记录，缓冲带收获的农产品仅能作常规产品销售。

有机铁皮石斛栽培基地选址很重要，基地建立在远离国家二级以上公路100 m以外的地区。生产地块周围2 km范围内不能有明显的污染源（如化工，电镀、水泥、工矿企业、医院等）。有机栽培基地的田间水利设施也必须完善，要保证用水和排水，旱涝保收，三沟配套，无水土流失现象。

2. 基地环境质量

国家标准中要求有机种植基地应使用土壤或基质进行有机生产，不能通过营养液栽培的方式生产。铁皮石斛一般种植在基质中，要确保基质中无农残污染。一般将市售的马尾松树皮、松柏类锯木屑、苔藓（干水苔草）、麻岩石等送第三方检测机构进行农残检测，确保无农残检出后，采取蒸汽消毒灭菌。具体做法将基质先集中在集装箱中，再通入蒸汽进行消毒处理。

有机地块的灌溉用水，水质要符合GB 5084的水质，不得使用任何即便排放达标的污水、废水。使用长江水源或山间水库的溪水或饮用水源最佳。

有机铁皮石斛生产基地的大气环境质量应达到GB 3095二级标准。

3. 转换期内生产基地要求

从申请有机石斛认证到获得可市售的有机产品，需要一定的转换期。转换期即从开始按照有机生产至该单元的产品获得有机产品认证之间的时间，转换期的开始时间不早于认证机构受理申请日期。铁皮石斛为多年生植物，其转换期至少为收获前的36个月。转换期内，生产者也应完全按照有机标准的要求对石斛进行管理。转换期内的石斛产品只能作为常规产品进行销售。

二、有机生产管理措施要点

在选择铁皮石斛品种时应选择适应当地气候环境，对病虫害有抗性的优良品种。在品种的选择中要充分考虑保护铁皮石斛的遗传多样性。应使用有机铁皮石斛种子和植物繁殖材料。在有机种植的初始阶段，如果没有有机种子和种苗，可使用未经禁用物质处理的常规种子和植物繁殖材料，比如在有机铁皮石斛种植的初始阶段可以使用未经禁用物质处理的常规种子，但是禁止使用任何转基因的铁皮石斛品种，禁止使用任何经过禁用物质和方法处理后的石斛种子和石斛繁殖材料。

三、有机生产技术规程

根据铁皮石斛的生长习性，栽培地不宜高温和阳光直射。空气湿度控制在65%～80%为宜，冬季要求保温防冻，人工可控的环境也可以。栽培大棚顶部一般采用50%～70%遮阳率的活动遮阴网。在炎热的夏季应适当增加遮光度，保证小苗的旺盛生长，避免因光线过强，使叶面变黄脱落；冬季应适当减少遮光度，避免因光照不足而造成铁皮石斛叶片生长柔弱。

铁皮石斛的根有明显的好气性和浅根性，因此基质要疏松透气、排水良好，这样才不易发霉，基质中无病菌和害虫潜藏，无农药残留。一般可选取马尾松树树皮、水苔、麻岩石混合为基质，苗床设施栽培。各种贴树栽培及原生境的栽培模式都是符合有机栽培要求的。

1. 分株繁殖

长江中下游地区一般在春季 4 月下旬至 5 月进行。因春季湿度大、降雨量增大，植株容易成活。选择健壮、无病虫害的铁皮石斛，繁殖时减去过长老根，将母株分开，每株含 2～3 个茎芽，然后进行栽培。

2. 组培苗栽培

选择无激素培养的铁皮石斛组培苗，于每年 4 月下旬至 5 月底或 9 月下旬至 10 月底栽培。在可控温的设施大棚内可以常年移栽，栽培时按 15 cm× 20 cm 的株行距种植，以基质覆盖住根为宜，并保证根系自然舒展。铁皮石斛喜丛生，以 3 株 1 丛种植更适宜。其余的栽培要点如前所述（参见无公害栽培技术内容），不再赘述。

3. 水肥管理

（1）喷水：喷水量依据季节的不同而改变，夏天气温高、蒸发量大，可于早晚喷水，一天需浇两次；冬季（从当年 12 底至次年 2 月底）温度较低，铁皮石斛苗不需利用水分用于生长，故一般不用喷水。

（2）施肥：有机种植尽可能少用或者不用投入品。在石斛生长季节可以进行追肥，可用经消毒后腐熟的羊粪、蚕沙、菜籽饼等撒在根部，也可使用发酵的沼液进行追肥，也可以使用生物菌肥，改善基质微生物生态环境，达到铁皮石斛生态栽培的优质效果。在有机生产过程中使用的有机肥料（见表 12-1）必须经过认证机构许可，同时应避免过度使用有机肥而造成环境污染，多采用生物菌肥，改善基质微生物生态环境。

表 12-1　有机铁皮石斛生产中允许使用的土壤培肥物质

类别	名称和组分	使用条件
植物和动物来源	秸秆、绿肥	
	羊粪及其堆肥	堆制、腐熟
	饼粕（如菜籽饼）	腐熟
	木料、树皮、锯屑、刨花	消毒、堆制
	食用菌培养废料	堆制
	腐殖酸类物质	天然
矿物来源	磷矿石	天然，镉≤90 mg/kg
	钾矿粉	天然，氯≤60%
	硼砂、硫黄、石灰石	天然
微生物	微生物及微生物制剂生物菌肥	非转基因，未添加化学合成物质

4. 病虫草害防治

有机石斛种植的病虫草害防治原则是预防为主，综合防治。应创造不利于病虫草害孳生的条件，创造有利于各类天敌繁殖的环境，优先采用农业措施和物理措施。比如栽种后，应及时人工除草和疏松基质，防止杂草消耗营养或引来虫害。用黄板来防治蚜虫，白菜加啤酒用来防治蛞蝓，鼓励使用生物农药（微生物制剂）进行病虫害防治。当农业措施和物理措施不能有效控制病虫害时，需要使用植物保护产品时，应符合 GB/T 19630 以及有机栽培的要求，见表 12-2。

表 12-2　铁皮石斛有机生产中允许使用的植物保护产品

类别	名称和组分	使用条件
植物和动物来源	楝素（苦楝、印楝等提取物）	天然杀虫剂
	天然除虫菊素（除虫菊科植物提取液）	天然杀虫剂
	苦参碱及氧化苦参碱（苦参等提取物）	天然杀虫剂
	蛇床子素（蛇床子提取物）	天然杀虫、杀菌剂
	小檗碱（黄连、黄檗等提取物）	天然杀菌剂
	大黄素甲醚（大黄、虎杖等提取物）	天然杀菌剂
	植物油（如薄荷油、松树油、香菜油）	天然杀虫剂、杀螨虫、杀真菌剂
	寡聚糖（甲壳素）	天然杀菌剂、植物生长调节剂
	天然酸（如食醋、木醋和竹醋）	天然杀菌剂
	菇类蛋白多糖	天然杀菌剂
	具有驱虫效果的植物提取物（大蒜、辣椒、花椒、薰衣草、柴胡、艾草的提取物）	天然驱虫剂
	石硫合剂	杀真菌剂、杀虫剂、杀螨剂
	波尔多液	铜离子杀真菌剂，每年每公顷≤6 kg
	氢氧化钙 $Ca(OH)_2$（石灰水）	杀真菌剂、杀虫剂
	硫磺	杀真菌剂、杀螨剂、驱避剂
	硅藻土	杀虫剂
	硅酸盐（如硅酸钠、硅酸钾等）	驱避剂
	石英砂 SiO_2	杀真菌剂、杀螨剂、驱避剂
	磷酸铁 $FePO_4$	杀软体动物剂
微生物来源	真菌及真菌制剂	杀虫、杀菌剂
	细菌及细菌制剂（如苏云金芽孢杆菌、枯草芽孢杆菌等）	杀虫、杀菌剂
	病毒及病毒制剂（如核型多角体病毒、颗粒体病毒等）	杀虫剂
	乙醇 C_2H_6O	杀菌剂
	磷酸氢二铵 $(NH_4)_2HPO_4$	引诱剂，用于诱捕

5. 采收

有机石斛的采收在每年开花前进行，采收时剪下生长了两年以上的茎枝，留下嫩茎让其继续生长，相关内容请见本章第三节内容，铁皮石斛有机生产中允许使用的清洁剂和消毒剂，详见表12-3。

表 12-3　铁皮石斛有机生产中允许使用的清洁剂和消毒剂

名称	使用条件
醋酸（非合成的）	设备消毒
醋	设备消毒
碳酸钠 Na_2CO_3、 碳酸氢钠 $NaHCO_3$	设备清洁
高锰酸钾 $KMnO_4$	设备消毒
乙醇 C_2H_6O	工具消毒
异丙醇 C_3H_8O，$(CH_3)_2CHOH$	工具消毒
过氧化氢 H_2O_2	限食品级，工具设备清洁剂
漂白剂包括次氯酸钙 $Ca(ClO)_2$、 二氧化氯 ClO_2 或次氯酸钠 $NaClO$	用于消毒，符合 GB 5749 标准
肥皂	可生物降解，设备清洁

目前铁皮石斛已被国家卫健委列入药食同源的目录中，被越来越多的消费者认识和接受。铁皮石斛的有机栽培管理要求严格，产品经过权威机构认证，产品质量高于常规种植的铁皮石斛产品，有机铁皮石斛的市场必将越来越受到追捧和关注。

第三节　铁皮石斛采收、加工与贮藏

1. 采收时间

江苏、安徽等同纬度地区铁皮石斛的采收，宜于每年 3 月至 6 月（开花前）进行，此时鲜茎的胶质最好。在我国西南或南方省份，采收时间可以在每年的 11 月底至次年的 5 月份。

2. 采收方式

可分为采茎、采花和采收全草等采收方式。茎采收时应采老茎留新茎，采 2~3 年以上老茎，留当年生的新茎，全草采收应为生长期 24 个月以上整个植株。

3. 有机铁皮石斛的采收方法

在有机生产过程中，铁皮石斛的采收以及后期加工、储存、运输及销售也都必须遵循《有机产品生产、加工、标识与管理体系要求》（GB/T 19630）的相关规定，在实际生产中还应制定各项严格的规程来防止有机品污染。具体注意事项如下：使用的采收设备在用于有机生产前，应采取清洁措施，如喷洒75%的乙醇进行消毒，避免常规产品混入和禁用物质污染；使用塑料薄膜和防虫网时不能使用聚氯类产品，宜选用聚乙烯、聚丙烯或聚碳酸酯类产品；缓冲带的作物也应用有机方式管理，禁止使用农药和化肥，以防禁用物质漂移到有机地块。

4. 贮藏与加工

铁皮石斛采收后应及时剔除病株并去除部分不定根、叶片等。对于符合《中华人民共和国药典》2020版标准所要求的铁皮石斛鲜品可置于阴凉湿润处防冻保存或经60℃烘干后置于通风处防潮保存；鲜品也可采用烘焙等方式烘软，经烘、搓、绕、定型等工序加工成螺旋状中药干饮片，即铁皮枫斗。

图 12-26　铁皮枫斗的加工

图 12-27　加工好的优质铁皮枫斗

第四节　铁皮石斛集约化优质栽培过程的病虫害防治

随着生活水平的不断提高，人们对健康越来越重视，铁皮石斛产业发展前景日益看好，但目前产业化过程中仍存在一些亟待解决的问题，尤其是病虫害防治标准的缺失，是制约行业发展的瓶颈。因此，我们应以"预防为主、综合防治"为原则，协调运用多种防治措施，建立铁皮石斛病虫害防治标准，降低各类病虫危害，同时减少农药残留至规定标准的范围，使铁皮石斛的产品质量达到无公害种植标准或有机种植标准要求。

在诸多小型种植户中，由于栽培方式落后、栽培地点分散、栽培规模较小、缺乏正确指导等原因，铁皮石斛病虫害非常严重，农药残留和重金属含量超标的事件也时有发生，迫切需要制定铁皮石斛优质高效的栽培标准，制定规范的病虫害防治措施。

铁皮石斛的主要病害有软腐病、黑斑病、炭疽病等，主要虫害有蜗牛、蛞蝓、菲盾蚧、红蜘蛛、老鼠等，山地的仿野生贴树栽培要重点防止山老鼠、松鼠等野生动物的啃食。

在进行铁皮石斛优质栽培过程中，农药的使用应符合 GB 4285 的要求，基于病虫害发生的问题选择适合的农药，利用科学的栽培管理方法，降低病虫种群密度，调节生态环境，达到防治目的，使铁皮石斛产品达到无公害或有机产品标准的要求。

一、铁皮石斛主要病害及其防治方法

1. 炭疽病

病原为胶胞炭疽菌（*Colletotrichum gloeosporioides*）引起，危害石斛的叶片、假鳞茎、花萼、花瓣。多雨、空气湿度高时容易引发此类病症，且存在反复侵染的情况，常发生在管理不严格的大棚中。发病初期叶片上产生圆形或椭圆形的红褐色斑点，后期病斑中心颜色会变浅，而在上轮生黑点，病斑扩大或数量多时会导致整叶枯死，见图 12-28。

图 12-28　铁皮石斛叶的炭疽病害

防治方法：

（1）环境控制：大棚要通风透光；

（2）少数植株发病时，立即去除；

（3）药剂处理：用枯草芽孢杆菌菌剂喷施预防，如植株发病，可以用 0.5% 波尔多液进行预防和治疗。

2. 软腐病

由欧氏杆菌属（*Eriwinia carotovora*）细菌引起，侵害铁皮石斛的假鳞茎、芽、叶片，通过伤口或叶片的气孔进入，在高温多湿的大棚中蔓延较快。初时出现水渍状、绿豆大小的病斑，几天后迅速扩展成深褐色、水渍状的大斑块，导致植株死亡，见图 12-29。

防治方法：

（1）环境控制：大棚要通风透光，棚室环境应保持空气流通、光线充足。浇水时采用地表沟灌，避免由上而下喷水。

图 12-29　高温高湿季节铁皮石斛幼苗染上软腐病

（2）少数植株感染时，应立刻去除有病的组织，并切去周围组织 1.5～2 cm 左右，如被侵害严重则应去除整株。

（3）用枯草芽孢杆菌菌剂喷施预防，如植株发病，可以用少量 0.5% 波尔多液进行预防和治疗或将发病植株及根部的基质全部挖去，替换成新鲜基质。

3. 根腐病

图 12-30　铁皮石斛幼苗根腐病，根和茎叶呈腐烂状态

由立枯丝核菌（*Rhizoctonia solani*）引起，属于真菌病害，是铁皮石斛毁灭性病害之一。其侵染途径通常是由病苗的菌丝和菌核侵染幼苗的根和根状茎引起腐烂，如不加以控制，腐烂可蔓延至假鳞茎，最终导致整株死亡，见图 12-30。

防治方法：

（1）环境控制：大棚要通风透光，棚室环境应空气流通、光线充足。

（2）少数植株感染时，应立刻去除有病的组织，并切去周围组织 1.5～2 cm 左右，如被侵害严重则应去除整株，再将发病植物根部的基质挖去替换成新鲜基质。

（3）药剂处理：用枯草芽孢杆菌菌剂喷施预防，如植株发病，可以用少量 0.5% 波尔多液进行预防和治疗，每 7 天 1 次，连续 2～3 次。

4. 疫病

图 12-31　铁皮石斛幼苗疫病，患病植株呈腐烂状态

主要由恶疫霉（*Phytophthora cactorum*）和终极腐霉（*Pythium wltmum*）等引起，大棚中温度高、湿度大、通气不良，且叶鞘中长时间积水时，易引发此类病害，每年的 6 至 8 月是该病出现的高峰期。铁皮石斛疫病是一种毁灭性的病害，一旦发生将会产生极为严重的经济损失。从幼苗到成苗都受害，且植株不同部位均可发病。病症发生后如不及时处理，很快会蔓延到根系与假鳞茎，引起根腐猝倒，彻底摧毁植株，其传染途径系由孢子通过空气和浇水时飞溅的水珠传播扩散，见图 12-31。

防治方法：

（1）大棚要空气流通、光线充足。

（2）少数植株感染时，应立刻去除有病的组织，并切去周围组织 1.5～2 cm 左右，如被侵害严重则应去除整株。工具需要消毒，将发病植物根部的基质挖去替换成新鲜基质。

（3）药剂处理：用枯草芽孢杆菌菌剂喷施预防，如植株发病，可以用少量0.5%波尔多液进行预防和治疗，每7天1次，连续2～3次。

5. 叶枯病

由拟盘多毛孢属（*Pestalotiopsis* spp.）真菌引起，主要发生在铁皮石斛叶尖附近或叶片前端，出现黑色小斑点，并逐步扩大为不规则病斑，严重时可蔓延至整片叶子，最后枯死脱落。高温、药害、营养失调等引起植株生长活力下降的情况都会引发并加重该病，见图12-32。

防治方法：

（1）环境控制：大棚要保持通风透光，浇水时采用地表沟灌，避免由上而下喷水。

（2）少数植株感染时，应立刻去除有病的组织，并切去周围组织1.5～2 cm左右，如被侵害严重则应去除整株。

图12-32　铁皮石斛叶枯病

（3）药剂处理：用枯草芽孢杆菌菌剂喷施预防，如植株发病，可选用0.5%波尔多液喷洒，每7天一次，连续2～3次，或遵照有机标准，尝试许可的杀真菌药物。

6. 花叶病

花叶病是由多种病毒侵染引起的，有黄瓜花叶病毒（Cucumber mosaic virus，CMV），烟草普通花叶病（Tobacco mosaic virus，TMV），马铃薯 X 病毒（Potato virus X，PVX）等等。花叶病是一种全株显症的病害，受侵害植株从上部叶最先出现症状，产生浓绿、淡绿相间的花叶或出现斑驳的现象，严重的叶片则会变的皱缩畸形。病株生长弱，节间短，植株矮化。花叶症状在新叶上最为明显，成熟叶片色淡。病毒感染3周左右时间后，新芽会显现出不规则的萎黄色斑点，并随叶片长大而愈发明显，进而发展变成褐色或灰褐色的坏死斑，见图12-33。

防治方法：

及时去除感染植株、科学的对种植用具进行消毒、改善环境卫生等，防止病症蔓延。用稀释的福尔马林进行局部消毒，并拔除病株和生长的基质；有机

图12-33　铁皮石斛花叶病

栽培时用 0.5% 波尔多液、氢氧化钙水溶液进行局部消毒；日常用具及大棚消毒还可用高锰酸钾以及酒精自制消毒液，效果较好。

7. 黄斑病

受感染时叶面首先出现不明显的淡黄色斑点，随后扩大，形成周边部清晰的黄色病斑，病斑的正面中央会出现褐色斑点，背面可长出黑霉，见图 12-34。

防治方法：

可适当密植，避免浇水过量，可喷施植宝素、芽孢杆菌生物菌肥等增强植株抵抗力。用枯草芽孢杆菌菌剂喷施预防，如植株发病，可以用 0.5% 波尔多液进行预防和治疗。

图 12-34　铁皮石斛黄斑病

8. 白绢病

白绢病为兰科作物常见病害，由病原菌齐整小核菌（*Sclerotium rolfsii*）引起，是一种真菌病害。菌丝体白色，透明，菌丝 2~8 μm 粗，分枝不成直角，有隔膜。在培养条件下，菌丝体白色，呈辐射状扩展。受感染时，新苗叶基处出现水渍状浅褐色的腐烂斑纹，叶片上部由绿色变为灰白色，并逐渐腐烂、变软。严重时整株腐烂，产生白色绢丝状菌丝体。感染处菌核呈油菜籽样，初为白色，后为黄色，最终变为褐色，见图 12-35。

图 12-35　铁皮石斛白绢病

防治方法：

用枯草芽孢杆菌菌剂喷施预防，如植株发病，可以用少量 0.5% 波尔多液进行预防和治疗。

9. 褐腐病

其病原体主要是疫霉，发病多在幼嫩的植株上。在叶片发病时先呈现水渍状软斑点，继而发展扩大成清晰、略下陷的褐色或黑色水浸状斑点，有时斑腐烂处产生浊滴。此病扩展十分迅速，不需几天即可使植株死亡，见图 12-36。

防治方法：

在铁皮石斛栽培过程中要注意通风，避免浇"当头水"。根据病症发展状况剪除感染部位或去除整株，再用 0.5% 波尔多液喷洒，或用 0.1% 高锰酸钾溶液浸泡杀菌 5 min 后，再洗净晾干进行种植。

图 12-36　铁皮石斛褐腐病

二、铁皮石斛主要虫害和其他动物危害及防治方法

1. 蜗牛和蛞蝓

喜温暖湿润的环境,白天藏于水沟、杂草或棚架下的泥土等阴暗之处,晚间活动,喜啃食新植物的芽、叶、花和根,可造成铁皮石斛的严重损伤,爬过的叶片出留有银灰色的痕迹,见图12-37、图 12-38。

图 12-37　蜗牛

图 12-38　蛞蝓

防治方法:

(1) 注意环境卫生,及时清理大棚及四周杂草杂物,夜间可持手电检查,人工捕杀;

(2) 在蜗牛、蛞蝓出没之处和花盆间施撒石灰粉,形成隔离带,阻止其向棚架、花盆爬行;

(3) 用蜗牛敌(四聚乙醛)进行诱杀,利用蜗牛受引诱剂的吸引而取食或接触到药剂后,螺体内乙酰胆碱酯酶大量释放,破坏其体内特殊的黏液,使其迅速脱水,并分泌黏液,造成大量体

液流失、破坏细胞，使蜗牛、蛞蝓等短时间内中毒快速死亡，生石灰、蔬菜诱杀、人工捕捉等方法也可以辅助使用。

（4）在有机种植过程中，茶籽饼可用于杀蜗牛和蛞蝓，其有效成分是茶皂素，一种三萜类皂苷物质，是溶血性毒素，具有胃毒作用，可以造成蜗牛等低等动物的红细胞溶化，而对高等动物无明显毒性。

2. 蚧壳虫类

主要受兰矩瘤蛎蚧（*Eucornuaspismachili*）和咖啡盔蚧（*Saissetia clffeae*）影响，一般当大棚管理粗放，日光不足、通气不良时，较易发生。该虫类主要寄生于铁皮石斛的假鳞茎、叶鞘与叶片上，以刺吸式口器插入吸取石斛体内营养，对石斛生长造成不良影响，见图12-39。

图12-39　蚧壳虫

防治方法：

（1）规范大棚管理，可以防止介壳虫发生。

（2）药剂防治：用速灭松乳剂或大灭松乳剂以及氟氧氰菊酯1 000倍液进行喷施处理，每隔7～10天喷洒1次，喷洒时要注意叶片四周及假鳞茎均要喷到，连续喷2～3次。有机栽培的铁皮石斛则必须根据相关的要求使用杀虫剂，如大蒜、花椒、苦楝等提取物均有效果。

3. 粉虱

主要受白粉虱（*Trialeurodes vaporariorum*）危害，经常发生在通风不良的大棚里。一般群集寄生在铁皮石斛植株上，严重时会布满整个叶片、叶鞘及假鳞茎，繁殖能力极强，可造成叶片整体干枯凋落，图12-40。

防治方法：

（1）管理良好的大棚一般不易发生粉虱。

（2）药剂防治：用速灭松乳剂或大灭松乳剂以及氟

图12-40　白粉虱

氧氰菊酯1 000倍液进行喷施处理，每隔7～10天喷洒一次，连续喷洒2～3次；若为有机栽培，则必须根据相关的要求使用杀虫剂，如大蒜、花椒、苦楝等提取物均有效果。

4. 螨类

主要由红蜘蛛见图12-41、黄蜘蛛见图12-42和假蜘蛛类的小虫（*Tetranychus* spp.）引起。通常在干燥、高温的天气发生，初期小虫寄生在石斛叶片上不易发现，一段时间后受害叶片逐渐出现灰白色斑点，严重时整个铁皮石斛苗床均可发现丝网，见图 12-43，导致铁皮石斛叶片焦黄出现凹痕，甚至萎缩变形。

防治方法：

（1）将肥皂泡水喷洒于叶片两面，以形成一层薄膜，用于防止和减少螨类寄生。

图 12-41　红蜘蛛

图 12-42　黄蜘蛛

图 12-43　铁皮石斛植株上方的蜘蛛网

（2）药剂防治：使用大客螨、得脱螨、速灭螨、阿维菌素等药剂 1 000～1 500 倍液进行喷施处理，叶片上下两面、叶基均要全面喷洒，每 7 天 1 次，连续 2～3 次。若为有机栽培，则必须根据相关的要求使用杀虫剂，如大蒜、花椒、苦楝等提取物均有效果。

5. 蚜虫

主要爆发在春季和夏初，对发育中的石斛花进行危害，易使石斛花发生变形扭曲，造成发育不良。同时分泌的汁液会吸引蚂蚁，进一步传播病害和病毒，引起煤烟病等。

蚜虫是铁皮石斛生长过程中的主要害虫之一，以成蚜、若蚜危害植株的芽、叶等幼嫩器官，见图12-44，通过大量吸取石斛液汁，造成植株营养不良。此外其排泄物为蜜露，容易引起霉菌滋生，并诱发煤污病等传染性病毒。蚜虫繁殖迅速，一年可繁殖数代至数十代，铁皮石斛的蚜虫危害期主要集中爆发于4~6月气候温暖的时候。

图 12-44 铁皮石斛植株上的蚜虫

防治方法：

（1）对于有翅蚜可使用商业用黄板进行诱捕。

（2）用吡虫啉1000倍液进行轮换喷施效果较好。

（3）将1.5%浓度的天然除虫菊药物稀释600~800倍后进行预防性喷洒，也可获得较好的防治效果。

6. 蟑螂

蟑螂白天藏匿于杂物或花盆内，啃食石斛根，而夜间则出来危害石斛的幼芽、花朵和根尖，造成植株残缺、生长不良，见图12-45。

防治方法：

（1）大棚建筑远离住家厨房和什物间，清洁大棚不留杂物。

（2）药剂防治：用克蟑药或用硼砂加白糖调成糊状喷施在蟑螂出没的地方，进行诱杀。

图 12-45 铁皮石斛植株上的蟑螂

7. 蝼蛄

蝼蛄为多食性害虫，对苗床和移栽后的石斛苗危害尤为严重。蝼蛄成虫会啃咬断幼苗的根、茎，使幼苗枯死，受害植株的根部呈乱麻状。蝼蛄一般地下活动，在表土中穿成许多隧道，使幼苗根部受伤、透风和土壤分离，使幼苗因失水干枯死亡，造成缺苗断垄，大幅度减产，见图12-46。

图 12-46 蝼蛄

防治方法：

（1）用毒饵诱杀。将麦麸炒香作为饵料，用90%晶体敌百虫30倍液，与饵料拌湿或用切成3～4 cm的鲜草50 kg，与50%辛硫磷乳油0.5 kg拌湿，于傍晚撒在蝼蛄出没周围进行诱杀。

（2）黑光灯诱杀成虫。灯下放置盛虫的容器，内装适量的水，滴入少许煤油。

8. 鼠害

黑线姬鼠（见图12-47）常出没于野外农田，是农林业主要害鼠。老鼠会啃食、咬断铁皮石斛的幼苗、中苗、大苗以及幼芽、花穗、花苞和开花株的假鳞茎，常咬成碎片，造成无法挽救的损失。

防治方法：

（1）使用鼠笼、鼠夹、粘鼠板、驱鼠器、电猫等捕鼠工具。

（2）生物灭鼠：鼠类天敌很多，利用黄鼬、猫等主要天敌可以成功进行灭鼠。

图 12-47　黑线姬鼠

图 12-48　地老虎

9. 地老虎

在山区可常年发生，以春秋季节危害最重。一般在清晨和傍晚啃食铁皮石斛的茎基部，啃断造成石斛死亡，见图12-48。

防治方法：

（1）可在早春或者初秋使用辛硫磷2 000倍液灌施预防。

（2）可在清晨露水未干时用人工捕捉的方法进行防治。

10. 夜蛾

斜纹夜蛾幼虫是石斛种植中的常见害虫，为鳞翅目夜蛾科一类的昆虫，傍晚及夜间飞行，食量大，危害铁皮石斛叶片、花朵及花芽。幼虫以铁皮石斛叶、花蕾、花及果实为食，严重时会吃光幼芽，并排泄粪便造成污染和植株腐烂，见图12-49。

防治方法：

（1）防治夜蛾一般可以用性诱剂和杀虫灯来防治，也可以使用氯虫苯甲酰胺、虫螨腈、乙基多杀菌素等药物进行防治。

（2）用高效氯氰菊酯1 500～2 000倍稀释液轮换喷施效果较好。若为有机栽培，则必须根据相关的要求使用杀虫剂，如黄连、薄荷等提取物均有效果。

（3）还可以物理与生物方法结合进行防治，物理方法：可在大棚外使用杀虫灯；生物方法：使用性引诱剂，利用糖醋罐或者食诱产品进行诱杀。

图12-49　铁皮石斛植株上的夜蛾幼虫和基质上的成虫

铁皮石斛为珍稀名贵的药用植物，对其病虫害防治应以"防重于治"为原则，以预防、物理防治和生物防治为主。尽可能不用或采用低毒农药，有机栽培时则不施用任何农药，一旦发现有病虫害应及时采取相应处理措施，避免害情加重。

以往对铁皮石斛栽培过程中的病害，多利用化学合成的杀真菌剂或杀细菌剂进行预防性控制，带来的后果往往是石斛产品中农药残留超标。生物农药和生物肥料的使用极大地提高了铁皮石斛药材品质。铁皮石斛病害的防治可以选用枯草芽孢杆菌、木霉菌或氧化亚铜替代化学合成杀菌剂，枯草芽孢杆菌与木霉菌的作用机制较为接近，以竞争作用为主，在植株表面或根部形成优势菌群，可以有效防止有害菌群对植株的侵染，而木霉菌除具有竞争抗病作用外，还可以通过产生抗菌物质达到抗菌作用。

目前，很多种植基地对铁皮石斛病虫害的防治仍依靠化学农药，这在有机产品认证中是不允许的，探索和采用生物防治方法控制铁皮石斛病虫害将是今后铁皮石斛无公害及有机栽培技术的发展方向。因此，认真总结铁皮石斛病虫害防治内容，可为其无公害栽培及有机栽培过程建立一套科学有效的病虫害防治体系，为顺利开展无公害产品认证、有机产品认证奠定基础。

第十三章 铁皮石斛集约化优质栽培技术成功实例

本章所选"铁皮石斛集约化优质栽培技术"的成功实例，均为江苏省石斛兰产业化工程中心研究团队与各合作企业开展的成功案例，图片真实客观地记录了各合作企业开展"铁皮石斛组织培养与集约化优质栽培"方面的成功实例，实例中的图片多为丁小余教授在合作项目实施期间所拍摄，只有数张图片来自企业报道的视频内容，因此，该图片真实记录了近10年来各合作企业铁皮石斛产业化的生产与发展情况，对于从事石斛或兰花产业的同行来说，具有重要的参考借鉴意义。

江苏省铁皮石斛产业主要核心骨干企业的产业化发展情况介绍如下：

一、昊盛健康生物产业集团有限公司

昊盛健康生物产业集团有限公司是一家铁皮石斛种子培养、组培育苗、集约化栽培和产品加工的综合型生产企业，江苏福元高科生物科技有限公司为其子公司。公司依托南京师范大学、中国医科大学、协和医科大学、青海药物研究所等科研单位的技术力量和科研成果，投资1.5亿多元，建成一个集科技创新、生态健康、高效农业一体的铁皮石斛现代产业化基地。公司现有土地30 000多平方米，厂房35 000多平方米，拥有6 000多平方米的栽培研发中心，年产铁皮石斛瓶苗超150万瓶，是国内最大的瓶苗培育基地之一。集团核心园区建有500多亩联体大棚铁皮石斛种植区和100多亩贴树栽培的生态园，联合带动相关基地种植铁皮石斛1 000多亩，为国内铁皮石斛综合型生产规模大型企业之一，铁皮石斛鲜条年产量能达10万公斤左右。

公司已成为江苏省石斛兰产业化技术工程中心主要骨干成员，建成了铁皮石斛高科技生态园、现代化的深加工车间和铁皮石斛创新开发研究室。有一批开发药、食产品的科研人员，适应铁皮石斛产品研究开发的能力，已研制开发、生产福元仙草牌铁皮石斛枫斗、切片、口服液、超微粉、饮品、铁皮石斛酒类、饮料、冲剂、片剂、胶囊、鲜条、干条、石斛花及仙芝阗铁皮石斛面膜、护肤品等系列产品，并取得了9项国家专利。目前公司已领取了"药品GMP证书""中华人民共和国药品生产许可证""保健品、食品生产许可证""ISO9001：2015"和"OHSAS 18001：2007"国际标准认证证书，2020年被评为张家港市农业产业化龙头企业以及苏州市十佳农业创新企业。公司拥有一整套检测设备和精密的检测仪器，对铁皮石斛原材料及产品进行全面的检测。进入的原料和出厂的产品都符合企业内控标准，检验都是依据《中华人民共和国药典》进行全项检验，如对原料的重金属、农药残留进行检测。公司具有完整的质量体系对产品质量进行管理和控制，做到有效的产品追踪和有效的监控措施。公司已在江苏股权交易中心农业版挂牌，挂牌信息分别是：企业代码695847，福元高科；企业代码：693125，昊盛实业。

二、江苏北环生物科技有限公司

江苏北环生物科技有限公司是一家专业从事植物组织培养、种植、养殖、旅游休闲为一体智能化植物工厂技术推广的农业高科技企业。公司地处世界六大长寿之乡之一的江苏如皋市，位于如皋港万顷良田现代农业产业园区，占地面积近600亩、注册资金1000万元，目前投资总额已近3 500万元，由南京农业大学进行产业规划，与南京师范大学、南京农业大学等高等院校及周边农科所合作，进行铁皮石斛产业化项目研究，公司主打品牌"中华九大仙草之首——铁皮石斛"，已成为当今首选养生佳品，结合如皋"长寿之乡"美誉，立足基地，整合内外部资源，大力发展以如皋长寿之乡铁皮石斛为主线的集康养、休闲娱乐为一体的特色创意农园。

北环生物科技以传播健康的生活理念，倡导自然的生活方式，以保障江苏北环生物科技有限公司农副产品的原生态为前提，将科普教育与传统农业、度假休闲相结合，致力打造一个集娱乐休闲、社交互动、亲子教育、健康养生为一体的"互联网＋生态农场"的私人订制农场。在这里，不仅能享受垂钓、采摘、农耕、亲子时光等带来的乐趣，同时还可以收获许多健康的生活理念及养生小知识，为健康保驾护航。

三、江苏益草堂石斛股份有限公司

江苏益草堂石斛股份有限公司所在的兴化市戴南镇董北村为著名的"全国文明村""国家生态村"，在戴南镇孙堡村流转土地近2 000亩，建设了现代农业科技示范园。园区整体规划通过专家论证评审，2013年初开工建设，目前已投入1.6亿元。园区主要围绕珍稀濒危的铁皮石斛打造产业链，逐步打造六位一体发展模式。2013年12月底首先建成全国一流的大型组培中心，占地8 000多平方米，为生态、节能、环保的组培中心，每年组培150万瓶。组培中心引进先进技术，全年采用阳光温控调试技术进行组培，苗成活率高达98％以上。园区发展采用新型的"公司＋合作社＋农户"的高效一体的发展种植模式，具有创新的发展理念。园区目前已经种植600多亩铁皮石斛，目标将扩展至1 000亩。通过科技创新，目前已有初级产品（铁皮石斛鲜条、石斛花、石斛枫斗、石斛原粉），逐步开发多种产品（石斛胶囊、养生茶、口含片、口服液、饮料、石斛膏）。2020年已获石斛胶囊国家批文，石斛口含片、石斛口服液的批文手续也正在申报之中。在泰州、扬州等地开设了兴化石斛专卖店，未来将努力打造产值10亿的龙头产品企业。

园区采用有机种植模式，为保证石斛有机肥功效，使用生态环保的液态沼气肥。经专业机构评审鉴定，连年通过有机铁皮石斛认证。2014年6月份科技部授予园区"兴化铁皮石斛研发中心""兴化铁皮石斛产业化示范基地"，此外获得了实用新型专利8项，还获得了泰州市龙头企业、泰州市功能技术研究中心等称号。以江苏益草堂石斛股份有限公司为领头企业打造的"国家石斛产业技术创新战略联盟""江苏省石斛产业技术创新战略联盟"，预示着益草堂公司在全省乃至全国石斛行业标准的制定中将发挥高效领头作用，推动石斛产业走向更快、更好的发展阶段。

四、江苏天润本草生命科技有限公司

江苏天润本草生命科技有限公司于 2013 年 03 月在常州国家高新区（新北区）市场监督管理局登记成立，公司经营范围包括生物技术开发，中药材的种植与农产品、食品等。该公司是江苏省较早从事铁皮石斛组织培养与集约化栽培的公司，是江苏省石斛兰产业化技术工程中心成员之一。

公司建有铁皮石斛组培车间与种植基地。其简易大棚栽培的铁皮石斛，采用与长江相通的优质水源灌溉，腐熟羊粪与松树皮基质栽培，属于无公害栽培。天润本草生命科技有限公司的实践证明，在江苏开展铁皮石斛的人工种植是可行的，种植效果极佳，产品符合药典规定。该公司还有铁皮石斛梨树贴树栽培、连栋大棚栽培等栽培模式，均有较好的种植效果。公司有铁皮石斛鲜条、切片、超微粉、盆景、铁皮枫斗、铁皮石斛花茶等系列产品，为常州市铁皮石斛组培快繁与集约化栽培的示范基地，将铁皮石斛组培工厂、种植基地、深加工工厂、旅游观光、健康养生等项目融为一体，极具发展潜力。

五、南京天韵山庄铁皮石斛基地

南京天韵山庄铁皮石斛种植项目始于 2013 年，为南京市溧水区较早的铁皮石斛种植基地。其种植模式走精品路线，园区采用塑料大棚种植与贴树栽培结合的有机种植模式，在种植上面为了保证铁皮石斛的品质，合理使用肥料与生物农药，棚架使用园区自产的竹材和木材，环保绿色。天韵山庄的铁皮石斛产品经专业机构评审鉴定，连年获得专业机构颁发的有机产品证书，铁皮石斛的品质完全符合我国药典的标准。

在天韵山庄的石斛基地，铁皮石斛产品不仅可以服务于人类健康，还可以作为生态园区鸡、羊、鸭、鱼的饲料添加物，增加了畜禽的免疫力，不再需用抗生素，防治了常见病害的发生，获得了优异的生态养殖效果。天韵山庄在努力打造环境优美的生态、观光、休闲养生一体的农业园的同时，在经济上还带动了周边村民参与生态农业种植和农业观光产业的开发，达到了共同致富的目的，为南京溧水区打造崭新的现代农业模式做出了重要贡献。

六、无锡宝裕华公司铁皮石斛基地

无锡宝裕华公司铁皮石斛生态园项目是基于铁皮石斛的保健功效，建立了一种无公害连栋大棚的种植模式，促进了无锡特色大棚种植产业的发展。该项目 2014 年起启动，受到了无锡市及惠山区政府的高度重视。

该项目在保护惠山区生态环境的前提下，进行铁皮石斛的连栋大棚无公害栽培，实现珍稀铁皮石斛野生资源的保护与可持续利用。公司以资源可持续发展的思想为指导，充分利用我国丰富的中药材资源优势和铁皮石斛的特色，建立了药用铁皮石斛种植资源圃，生产出优质的铁皮石斛产品，填补了无锡惠山区铁皮石斛保健品生产的空白，为无锡惠山区的农业综合体建设提供了示范，为中医药大健康产业的发展创造了新的模式。

铁皮石斛集约化优质栽培技术
成功实例

——昊盛健康生物产业集团

图 1　昊盛集团刚建成的组培室

图 2　大型灭菌锅

图 3、图 4　工人们进行无菌接种

图 5　培养基存放处

图 6　集团公司恒温光照培养室一角

```
        6 | 1
          | 2
      5 4 | 3
```

图7、图8　昊盛集团领导及管理人员查看组培室

图9　栽种前对组培瓶苗进行室外炼苗

图10　洗净的组培瓶堆放区

图11、图12　即将出瓶的铁皮石斛组培苗

	8
7	9
12	11	10

图 13　昊盛集团福元高科公司的连栋大棚 　　　　　　　　　　　　　　13

图 14　昊盛集团福元高科公司部分连栋大棚俯视 　　　　　　　　　14

图 15　福元高科福元仙草牌铁皮石斛种植基地大门 　　　　　　　15

图 16、图 17　建设中的连栋大棚与苗床

图 18　洗净待栽的组培苗

图 19-图 21　刚移栽的铁皮石斛组培苗

16

21　17

20　18

19

图 22-图 25　昊盛集团董事长郭照湘先生与丁小余教授在不同季节视察铁皮石斛基地的情景

图 26-图 27　郭照湘董事长、丁小余教授与何中方先生一起查看连栋大棚铁皮石斛苗的生长情况

```
          | 23
      22  | 24
  27  26    25
```

图 28-图 30　栽种 3 个月的铁皮石斛组培苗长势喜人

图 31　铁皮石斛贴树栽培迎客牌——"福元高科欢迎您"

图 32、图 33　连栋大棚内的盆栽铁皮石斛苗

图 34　铁皮石斛花特写

图 35　昊盛集团陈菊英总经理在基地采收铁皮石斛鲜花

图 36　丁小余教授查看大棚

图 37　郭照湘董事长与丁小余教授等研究铁皮石斛水肥管理

图 38、图 39　丁小余教授与公司高管及基地管理人员合影

图 40　郭照湘董事长与基地管理人员合影

图 41、图 42　丁小余教授查看盛花期铁皮石斛

图 43　丁小余教授与种植基地徐经理合影

35	36	37
38	39	40
41	42	43

图 44　昊盛集团陈菊英总经理主持"张家港市铁皮石斛观花品尝活动"开幕式

图 45　前来赏花的游客

图 46　昊盛集团铁皮石斛连栋大棚

图 47　铁皮石斛苗床正在喷水施肥

44	45
46	47

图 48　昊盛集团铁皮石斛种植基地的连栋大棚　　　　48

图 49　连栋大棚内生长 3 年的铁皮石斛情况　　　　49

图 50　连栋大棚内的铁皮石斛盛花期　　　　50

图 51　昊盛集团连栋大棚内的铁皮石斛贴树立体栽培
图 52　昊盛集团铁皮石斛保健品生产线

51

52

铁皮石斛集约化优质栽培技术
成功实例

——江苏北环生物科技有限公司

图 1　江苏北环生物科技有限公司大门

图 2　江苏北环生物科技公司铁皮石斛栽培基地航拍图

图 3　银杏林仿野生贴树栽培铁皮石斛

$\dfrac{1}{2}$
$\dfrac{}{3}$

图 4、图 5　江苏北环生物科技有限公司无菌接种室

图 6　公司董事长曹瑞钦女士查看组培苗接种情况

图 7　公司技术管理人员检查培养室情况

4	5
6	7

图 8　北环公司恒温培养室

图 9　在连栋大棚苗床上炼苗

图 10　大棚内铁皮石斛的喷灌

图 11　生长一年的铁皮石斛大苗

8	9
10	11

图 12、图 13　曹瑞钦董事长接待前来访问的各位专家学者

图 14　曹瑞钦董事长与江苏省石斛兰工程中心丁小余主任在银杏林仿野生铁皮石斛栽培基地前合影

图 15　曹瑞钦董事长向来自深圳国家兰科中心的陈建兵主任、韩国李重求教授以及丁小余教授介绍铁皮石斛贴树栽培情况

12	13
14	15

图 16-图 19　北环公司开展的铁皮石斛贴石栽培

16	17
18	19

图 20　北环公司开展的铁皮石斛贴树桩栽培　　　<u>20</u>

图 21　北环公司开展的铁皮石斛银杏林贴树栽培　　<u>21</u>

图 22　北环公司铁皮石斛贴树栽培

图 23　中国野生植物保护协会兰花保育委员会理事长陈建兵先生考察
　　　　北环公司铁皮石斛贴树栽培情况

图 24　北环公司铁皮石斛贴石栽培

图 25　北环公司铁皮石斛大棚设施

22	23
24	25

图 26　北环公司的铁皮石斛梨树贴树栽培

图 27　北环公司铁皮石斛银杏树贴树栽培，游客观光好去处

26

27

铁皮石斛集约化优质栽培技术
成功实例

——江苏益草堂石斛股份有限公司

图1　股份公司张文德董事长在铁皮石斛种植大棚向来宾介绍铁皮石斛功效

图2、图3　工人们进行无菌操作

图4　张文德董事长与台湾李振荣教授研究组培苗生长情况

图5、图6　自然光照组培车间内组培苗生长情况

	2
1	3
	4
6 5	

图 7　工人们进行组培苗移栽
图 8-图 11　连栋大棚内不同品种铁皮石斛苗的生长情况

7　　8
9　10　11

图 12-图 15　铁皮石斛鲜花盛开，工人们正抓紧时间采收

12	13
14	15

图 16　张文德董事长陪同亚洲兰花保育专委会主席罗毅波教授考察基地

图 17　张文德董事长陪同有机食品认证专家考察

图 18、图 19　张文德董事长陪同领导与专家考察基地

图 20、图 21　公司举办的全国石斛论坛

图 22-图 24　中央电视台 CCTV 来公司拍摄纪录片的开幕式

16	17	18
19	20	21
22	23	24

图 25、图 26　国家中小企业协会孙小林秘书长一行来公司指导工作并考察基地

图 27、图 28　中央电视台 CCTV 来公司拍摄纪录片的开幕仪式

25	26
27	28

图 29、图 30　CCTV 发现之旅报道江苏益草堂石斛股份公司的铁皮石斛集约化生产情况

铁皮石斛集约化优质栽培技术
成功实例

—— 常州天润本草生命科技有限公司

图1　丁小余教授查看铁皮石斛瓶苗生长情况
图2-图6　培养室内的铁皮石斛组培苗

图 7　铁皮石斛简易种植大棚搭建

图 8　铁皮石斛连栋种植大棚搭建

图 9　铁皮石斛栽培苗床准备

图 10-图 12　铁皮石斛基质准备与苗床铺设

图 13　铁皮石组培苗人工栽培

图 14-图 16　简易大棚中刚刚栽种的铁皮石斛苗

图 17　铁皮石斛简易种植大棚外观

图 18　丁小余教授查看铁皮石斛苗长势

图 19　丁小余教授查看铁皮石斛生长情况

图 20　移栽完的铁皮石斛苗床

图 21　公司管理人员巡查铁皮石斛苗床

图 22-图 23　刚刚栽培完成的铁皮石斛苗床

图 24　栽培 2 个月后的铁皮石斛苗床

24	19
---	20
23 22 21	

图 25、图 26　连栋大棚中生长 2 年的铁皮石斛

图 27-图 30　简易大棚中生长 3 年的铁皮石斛

25	26
27	
28	29	30

铁皮石斛集约化优质栽培技术
成功实例

——南京天韵山庄石斛基地

图1-图3　铁皮石斛集约化栽培简易大棚搭建

图4　大棚苗床上的松树皮基质

图5、图6　铁皮石斛组培苗与栽培过程

图7、图8　生长3个月的铁皮石斛组培苗

图9-图12　生长6个月的铁皮石斛组培苗

7	8
	9
10	12
11	

图 13-图 15　生长 8—12 个月的铁皮石斛大苗

图 16-图 18　生长 15—20 个月的铁皮石斛植株

13	14	15
16	17	18

铁皮石斛集约化优质栽培技术
成功实例

——无锡宝裕华公司基地

图1　铁皮石斛组培苗的栽种

图2　已准备好种植的苗床

图3-图5　铁皮石斛组培苗种植

图6　栽种1个月的铁皮石斛组培苗

图7、图8　连栋大棚内生长一年的铁皮石斛

图9　丁小余教授与公司陆俊总经理观察铁皮石斛长势

7	8

9

铁皮石斛集约化优质栽培带动了
健康养生及旅游观光产业

图 1-图 3　昊盛集团铁皮石斛立体贴树栽培景观区，游客观光的好去处，在香气扑鼻的铁皮石斛鲜花前留个影，已成每个游客的一大心愿。

1
2
3

图 1-图 3　昊盛集团连栋大棚内铁皮石斛花海，在苏皖地区铁皮石斛鲜花盛开时节恰逢西方的父亲节，因此被称为中国的"父亲节之花"。

1

2

3

图1-图7　昊盛健康生物产业集团举办的张家港市铁皮石斛文化旅游节，集团公司的福元高科铁皮石斛生态园已成为游客赏花观光的好去处。

上图：2018 年石斛研究与产业发展论坛会期间昊盛集团公司领导与专家们合影

下图：江苏省石斛兰产业化技术工程中心研究团队部分成员考察石斛基地

图 1、图 2　昊盛健康生物产业集团用梨树进行铁皮石斛的贴树栽培，在父亲节盛开的
铁皮石斛鲜花格外清香美丽

1　2

参 考 文 献

［1］Arditti J. Fundamentals of Orchid Biology［M］. New York：Wiley Interscience，1992.

［2］Chen J T，Chang W C. Efficient plant regeneration through somatic embryogenesis from callus cultures of *Oncidium*（Orchidaceae）［J］. Plant Science，2000，160(1)：87-93.

［3］Chu C，Yin H，Xia L，et al. Discrimination of *Dendrobium officinale* and its common adulterants by combination of normal light and fluorescence microscopy［J］. Molecules，2014，19(3)：3718-3730.

［4］Chung H H，Chen J T，Chang W C. Plant regeneration through direct somatic embryogenesis from leaf explants of *Dendrobium*［J］. Biologia Plantarum，2007，51(2)：346-350.

［5］Ding X，Wang Z，Zhou K，et al. Allele-specific primers for diagnostic PCR authentication of *Dendrobium officinale*［J］. Planta Medica，2003，69(6)：587-588.

［6］Ding X，Xu L，Wang Z，et al. Authentication of stems of *Dendrobium officinale* by rDNA ITS region sequences［J］. Planta Medica，2002，68(2)：191-192.

［7］Goh C J. Production of flowering orchid seedlings and plantlets［J］. Malayan Orchid Rev（Singapore），1996，30：27-29.

［8］Hew C S. Mineral nutrition of tropical orchids［J］. Malayan Orchid Review，1990，24：70-76.

［9］Kishi F，Takagi K. Analysis of medium components used for orchidtissue culture［J］. Lindleyana，1997，12：158-161.

［10］Lim L Y，Hew Y C，Wong S C，et al. Effects of light intensity, sugar and CO_2 concentrations on growth and mineral uptake of dendrobium plantlets［J］. Journal of Horticultural Science，1992，67(5)：601-611.

［11］Mosich S K，Ball E A，Arditti J. Clonal propagation of *Dendrobium* by means of nodal cuttings［J］. American Orchid Society Bulletin，1974，43：1055-1058.

［12］Nan G L，Tang C S，Kuehnle A R，et al. *Dendrobium* orchids contain an inducer of Agrobacterium virulence genes［J］. Physiological and Molecular Plant Pathology，1997，51(6)：391-399.

［13］Poole H A，Sheehan T J. Mineral nutrition of orchids［M］. Orchid Biology：Reviews and Perspectives（USA），1982：195-212.

［14］Rieseberg L H，Carney S E. Plant hybridization［J］. New Phytologist，1998，140(4)：599-624.

［15］Saiprasad G V S，Polisetty R. Propagation of three orchid genera using encapsulated protocorm-like bodies［J］. Vitro Cellular & Developmental Biology Plant，2003，39(1)：42-48.

［16］Tan X M，Wang C L，Chen X M，et al. *In vitro* seed germination and seedling growth of an endangered epiphytic orchid，*Dendrobium officinale*，endemic to China using mycorrhizal fungi（*Tulasnella* sp.）［J］. Scientia Horticulturae，2014，165：62-68.

[17] Thomas T D. The role of activated charcoal in plant tissue culture[J]. Biotechnology Advances，2008，26 (6)：618-631.

[18] Visser C，Qureshi J A，Gill R，et al. Morphoregulatory role of thidiazuron：Substitution of auxin and cytokinin requirement for the induction of somatic embryogenesis in geranium hypocotyl cultures[J]. Plant Physiology，1992，99(4)：1704-1707.

[19] Xu J，Li S L，Yue R Q，et al. A novel and rapid HPGPC-based strategy for quality control of saccharide-dominant herbal materials：*Dendrobium officinale*，a case study[J]. Analytical and Bioanalytical Chemistry，2014，406(25)：6409-6417.

[20] Yang L，Liu S J，Luo H R，et al. Two new dendrocandins with neurite outgrowth-promoting activity from *Dendrobium officinale*[J]. Journal of Asian Natural Products Research，2015，17(2)：125-131.

[21] 鲍顺淑,贺冬仙,郭顺星.可控环境下光照时间对铁皮石斛组培苗生长发育的影响[J].中国农业科技导报,2007,9(6):90-94.

[22] 鲍顺淑,贺冬仙,郭顺星.铁皮石斛在人工光型密闭式植物工厂的适宜光照强度[J].中国农学通报,2007,23(3):469-473.

[23] 鲍腾飞,徐步青,王芬,等.铁皮石斛类原球茎液体悬浮培养增殖体系构建[J].东北林业大学学报,2010,38(12):49-50.

[24] 曾宋君,程式君,张京丽,等.五种石斛兰的胚培养及其快速繁殖研究[J].园艺学报,1998,25(1):75-80.

[25] 曾宋君,程式君.石斛的试管苗快速繁殖[J].中药材,1996,19(10):490-491.

[26] 陈薇,寸守铣.铁皮石斛茎段离体快繁[J].植物生理学通讯,2002,38(2)：145.

[27] 陈晓梅,肖盛元,郭顺星.铁皮石斛与金钗石斛化学成分的比较[J].中国医学科学院学报,2006,28(4)：524-529.

[28] 陈勇,王君晖,黄纯农.铁皮石斛种质资源的玻璃化法超低温保存[J].浙江大学学报(农业与生命科学版),2001,27(4):436-438.

[29] 陈媛,谢吉容.铁皮石斛试管苗培养技术的研究[J].北方园艺,2009(7):122-124.

[30] 丁小余.枫斗类石斛的鉴定研究[D].南京:中国药科大学,2001.

[31] 丁小余,王峥涛,徐红,等.枫斗类石斛 rDNA ITS 区的全序列数据库及其序列分析鉴别[J].药学学报,2002,37(7):567-573.

[32] 丁小余,徐珞珊,王峥涛,等.铁皮石斛居群差异的研究(Ⅰ)——植物体形态结构的居群差异[J].中草药,2001,32(9):828-831.

[33] 丁小余,王峥涛,徐珞珊,等.F 型、H 型居群的铁皮石斛 rDNA ITS 区序列差异及 SNP 现象的研究[J].中国中药杂志,2002,27(2)：85-89.

[34] 丁小余,徐珞珊,徐红,等.曲茎石斛及其近似种鉴别的形态和 DNA 分子证据[J].药学学报,2001,36(11)：868-873.

[35] 丁小余,徐珞珊,王峥涛,等.齿瓣石斛的位点特异性 PCR 鉴别[J].药学学报,2002,37(11):897-901.

[36] 丁小余,张卫明,王峥涛,等.石斛属民族药用植物的分类及生药学研究[J].中国医学生物技术应用,2003,(1)：1-14.

[37] 丁小余,吴睿,牛志韬.一种利用稀土元素促进铁皮石斛丛生芽的诱导和生根的培养基及培养方法：

CN105010140B［P］. 2015-11-04.

［38］丁小余，刘玲，牛志韬.一种利用海浮石促进铁皮石斛生根的培养基：CN105075859A［P］. 2015-11-25.

［39］丁小余，郑瑞，牛志韬.一种由铁皮石斛类原球茎快速繁殖成苗的培养基及组培方法：CN103688860A
［P］. 2014-04-02.

［40］丁小余，牛志韬，严文津.一种提高铁皮石斛、细茎石斛传粉结实率的方法及专用处理剂：
CN103408355A［P］. 2013-11-27.

［41］王峥涛，徐珞珊，丁小余，等.中国石斛属植物及其药材的DNA分子鉴别方法：CN1372005A［P］. 2002-
10-02.

［42］杜刚，杨海英，朱绍林，等.铁皮石斛种子诱导成苗试验［J］.中药材，2007，30(10)：1207-1208.

［43］付开聪，冯德强，张绍云，等.铁皮石斛集约化高产栽培技术研究［J］.中草药，2003，34(2)：177-179.

［44］郭兰萍，周良云，康传志，等.药用植物适应环境胁迫的策略及道地药材"拟境栽培"［J］.中国中药杂志，
2020，45(9)：1969-1974.

［45］何平荣，宋希强，罗毅波，等.丹霞地貌生境中铁皮石斛的繁殖生物学研究［J］.中国中药杂志，2009，34(2)：
124-127.

［46］侯丕勇，郭顺星.悬浮培养的铁皮石斛原球茎在固体培养基上生长和分化的研究［J］.中国中药杂志，2005，
30(10)：729-732.

［47］黄作喜，张杨，颜小玉，等.铁皮石斛原球茎高效增殖体系的构建［J］.北方园艺，2014，(14)：107-110.

［48］霍昕，周建华，杨迺嘉，等.铁皮石斛花挥发性成分研究［J］.中华中医药杂志，2008，23(8)：735-737.

［49］蒋林，丁平，郑迎冬.添加剂对铁皮石斛组织培养和快速繁殖的影响［J］.中药材，2003，26(8)：539-541.

［50］黎万奎，胡之璧，周吉燕，等.人工栽培铁皮石斛与其他来源铁皮石斛中氨基酸与多糖及微量元素的比较分
析［J］.上海中医药大学学报，2008，22(4)：80-83.

［51］李彩霞，竹剑平.不同采收期铁皮石斛中多糖含量比较［J］.药物分析杂志，2010，30(6)：1138-1139.

［52］李宏杨，陈冠铭，杨志娟，等.铁皮石斛组培苗生根条件优化研究［J］.南方农业学报，2012，43(11)：
1668-1671.

［53］李进进.铁皮石斛茎段离体初代培养研究［J］.作物杂志，2010，(1)：79-80.

［54］李璐.石斛兰试管开花及其分子机制研究［D］.福州：福建农林大学，2010.

［55］李时珍.本草纲目(校点本)第二册［M］.北京：人民卫生出版社，1977.

［56］李燕，王春兰，王芳菲，等.铁皮石斛中的酚酸类及二氢黄酮类成分［J］.中国药学杂志，2010，45(13)：
975-979.

［57］刘骅，张治国.铁皮石斛试管苗壮苗培养基的研究［J］.中国中药杂志，1998，23(11)：654-656.

［58］刘瑞驹，蒙爱东，邓锡青，等.铁皮石斛试管苗快速繁殖的研究［J］.药学学报，1988，23(8)：636-640.

［59］卢文芸，唐金刚，乙引，等.五种药用石斛快速繁殖的研究［J］.种子，2005，24(5)：23-28.

［60］马玉申，刘钦，刘小倩，等.铁皮石斛带节茎段的组培快繁体系研究［J］.中国民族医药杂志，2013，19(9)：
24-28.

［61］孟志霞，房慧勇，郭顺星，等.营养因子对铁皮石斛幼苗生长的影响［J］.中国药学杂志，2008，43(9)：
665-668.

［62］潘梅，王景飞，姜殿强，等.铁皮石斛丛生芽增殖培养条件的优化［J］.北方园艺，2013，(13)：128-130.

[63] 邵世光,侯北伟,周琪,等. 基于正交实验法的铁皮石斛原球茎分化和生根条件研究[J]. 南京师大学报(自然科学版),2009,32(4):98-102.

[64] 宋顺,许奕,王必尊,等. 不同培养基成分对铁皮石斛组织培养的影响[J]. 中国农学通报,2013,29(13):133-139.

[65] 唐凤,丁小余,丁鸽,等. 锗对铁皮石斛原球茎的生长及抗氧化酶系的影响[J]. 南京师大学报(自然科学版),2005,28(4):86-89.

[66] 唐桂香,黄福灯,周伟军.铁皮石斛的种胚萌发及其离体繁殖研究[J].中国中药杂志,2005,30(20):1583-1586.

[67] 王春,郑勇平,罗蔓,等.铁皮石斛试管苗快繁体系[J].浙江农林大学学报,2007,24(3):372-376.

[68] 王光远,许智宏,蔡德发,等.铁皮石斛的离体开花[J].中国科学,1997,27(3):229-234.

[69] 王君晖,张毅翔,刘峰,等.铁皮石斛种子、原球茎和类原球茎体的超低温保存研究[J].园艺学报,1999,26(1):59-61.

[70] 王康正,高文远.石斛属药用植物研究进展[J].中草药,1997,28(10):633-635.

[71] 王丽萍,梁淑云.铁皮石斛原球茎诱导与增殖研究[J].中国农学通报,2010,26(1):265-268.

[72] 王先花,陈云,谭啸,等.铁皮石斛组织培养快速繁殖技术[J].热带生物学报,2013,4(4):374-380.

[73] 谢启鑫,宋小明,黄东华,等. 铁皮石斛的种子培养[J]. 北方园艺,2010,(08):90-91.

[74] 徐国华,常俊,毛善国,等. 硒对铁皮石斛拟原球茎生长及抗氧化系统的影响[J]. 南京师大学报(自然科学版),2008,31(3):86-90.

[75] 徐晓峰,黄学林.TDZ:一种有效的植物生长调节剂[J].植物学通报,2003,20(2):227-237.

[76] 余丽莹,周雅琴,韦莹,等. 铁皮石斛幼苗壮苗培养的研究[J]. 北方园艺,2012,(05):132-134.

[77] 庾韦花,蒙平,张向军,等.铁皮石斛以芽繁芽离体培养技术体系的建立[J].南方农业学报,2014,45(10):1831-1836.

[78] 袁正仿,张卫明,丁小余,等. 铁皮石斛的组织培养研究[J]. 中国医学生物技术应用,2002,(03):58-60.

[79] 詹忠根,徐程,张铭,等.铁皮石斛离体根尖经体细胞胚再生植株研究[J].浙江大学学报(农业与生命科学版),2005,31(5):579-580.

[80] 詹忠根.铁皮石斛根尖诱导丛生芽研究[J].中草药,2006,37(6):928-931.

[81] 张桂芳,关杰敏,黄松,等.铁皮石斛原球茎的诱导与增殖影响因素研究[J].中药材,2011,34(8):1172-1177.

[82] 张明,夏鸿西,朱利泉,等.石斛组织培养研究进展[J].中国中药杂志,2000,25(6):323-326.

[83] 张铭,魏小勇,黄华荣.铁皮石斛人工种子固形包埋系统的研究[J].园艺学报,2001,28(5):435-439.

[84] 张铭,朱峰,魏小勇,等.铁皮石斛种胚萌发和原球茎质量控制[J].浙江大学学报(理学版),2000,27(1):92-94.

[85] 张启香,付素静,方炎明,等.铁皮石斛拟原球茎的发生过程[J].浙江林学院学报,2009,26(3):444-448.

[86] 张亚琴,邓秋林,文秋姝,等. 浅谈科学施肥在中药材生态种植中的作用与措施[J]. 中国中药杂志,2020,45(20):4846-4852.

[87] 赵银河.铁皮石斛试管开花研究[J].种子,2013,32(2):16-18.

［88］张治国,刘骅,王黎,等.铁皮石斛原球茎增殖的培养条件研究［J］.中草药,1992,23(8):431-433.

［89］中国科学院中国植物志编辑委员会. 中国植物志第 19 卷［M］. 北京:科学出版社,1999.

［90］周江明.不同有机物对铁皮石斛试管苗生长发育的影响［J］.中国农学通报,2005,21(8):49-50.

［91］朱涵毅.石斛兰组培植株再生体系和超低温保存技术研究［D］.杭州:杭州师范大学,2013.

［92］朱艳,秦民坚.铁皮石斛茎段诱导丛生芽的研究［J］.中国野生植物资源,2003,22(2):56-57.

［93］诸燕. 铁皮石斛种质资源收集与评价［D］. 杭州:浙江农林大学,2010.

［94］陈集双,张本厚.高通量植物生物反应器及其在遗传资源挖掘中的应用［J］.生物资源,2020,42(1):117-123.

［95］许亚良,张家明.一种高效大规模组培方法:间歇浸没培养法［J］.植物生理学报,2013,49(4):392-399.

［96］胡燕花,张本厚,贾明良,等.间歇浸没式生物反应器培养铁皮石斛组培苗［J］.中国农业科技导报,2016,18(3):190-194.

后 记

      《铁皮石斛组织培养与优质栽培技术》即将出版,实现了一群"石斛人"(书中从事石斛理论研究与产业化实践的人们)的最大心愿。该著作充分反映了江苏省石斛兰产业化技术工程中心在丁小余教授的带领下,联合江苏省各大从事石斛研发的龙头企业,开展了卓有成效的理论研究与产业化实践的真实情况,因此该书的出版对于指导江苏乃至全国的铁皮石斛产业发展具有十分重要的意义。

      正确的理论指导是成功实现铁皮石斛产业化的关键,也是广大刚入门的小型企业最需要学习的。只有在充足的资金投入下,依靠正确的铁皮石斛组织培养与优质栽培技术的理论指导,才能把铁皮石斛产业做强做大。在江苏省铁皮石斛产业化的进程中,我们努力做到全身心投入,大胆创新,奋力拼搏,最终交上了满意的答卷。书中的产业化部分以大量的图片(为丁小余教授亲自拍摄提供)真实地记录了江苏省铁皮石斛集约化生产的"组织培养与优质栽培"各个阶段、各个环节的要点,以及在不同企业中所具有的特色。

      在铁皮石斛集约化生产实践中,丁小余教授深感发展铁皮石斛仙草健康产业,服务人类健康事业的重要性。他结合自身的理论研究,于2018年11月在江苏省石斛兰产业化技术工程中心学术年会召开之际,写下了歌颂铁皮石斛仙草、赞美铁皮石斛产业的诗句——"铁皮石斛赞",分享如下:

> 华夏神药兰花草,生于深山海拔高;
>
> 峭壁嶙峋悬崖驻,天地灵气修奇效。
>
> 两百万年自然成,中国特有价值高;
>
> 九大仙草居榜首,养生保健立功劳。
>
> 滋阴健阳兼护嗓,护肝利胆视力保;
>
> 养胃护肠且润肺,减脂降糖护胰岛。
>
> 强筋健骨润关节,抗癌防老有奇效;
>
> 药食同源治未病,铁皮石斛立功劳。

      在本书即将出版之际,特别要借此机会感谢全国政协委员、江苏省国画院副院长、江苏省书画院院长、中国艺术研究院研究生院博士生导师薛亮教授,他欣然为本专著封面中的"铁皮石斛"题字,给著作的出版增添了浓郁的艺术气息。

      需要感谢本书所有参与文字编著工作的科研人员,感谢他们在编写过程中兢兢业业的敬业精神与全身心的投入。本书中的文字内容具体编写情况如下:主编为丁小余,副主编为:薛庆云、牛志韬、刘薇、郭照湘、曹瑞钦、张文德、张本厚。科学实验与正文撰写的详细分工归纳如下:薛庆云(第一章、第二章)、薛庆云与牛志韬(第三章)、耿丽霞(第四章、第八章)、郑瑞(第五章、第六章、第十章)、任洁

（第七章、第九章）、刘玲（第六章）、吴睿（第七章第四节）、张本厚（第十一章）、丁小余与刘薇（第十二章）、丁小余（第十三章）、郭照湘（第十三章相关内容）、曹瑞钦（第十三章相关内容）、张文德（第十三章相关内容）；另外，本书的前言、自序、后记均由丁小余教授执笔完成。

一定要借此机会感谢东南大学出版社陈跃编辑的精心设计，他与丁小余教授为首的作者团队核心成员一起，多次讨论了出版方案，对书稿细节提出了许多建设性的意见，特别对图版的排版提出了创新性的建议。在本书"铁皮石斛优质栽培技术"的部分，面对大量图片的排版，丁教授在陈编辑的建议下，利用自学的现代图片软件，出色完成了大量图片的排版创新，避免了传统图片排版中的机械呆板，展现了现代排版艺术的生动活泼风格。薛庆云博士在后期的校对过程中付出了很多心血，对全书文稿进行了六次校样，每次校对都把问题汇总到 Excel 表上，并与东南大学出版社及排版公司反复沟通，大大提高了校样工作的准确性。

本书的出版还要感谢为江苏省石斛兰产业化技术工程中心的铁皮石斛产业化工作做出重要贡献的企业领导人——郭照湘董事长、曹瑞钦董事长、张文德董事长。由于这些企业与我们在铁皮石斛产学研方面的成功合作，所以邀请他们担任本书的企业作者，在此要特别感谢他们与本工程中心在产学研上的精诚合作，感谢他们为这本书的出版提供了赞助。另外，因篇幅所限，还有一些企业领导人在本书中没有被一一列举，他们分别是：江苏天润本草生命科技有限公司朱国梅董事长（常州金桥房地产股份有限公司董事长）、如皋金阳现代农业发展有限公司金国华董事长、南京天韵山庄王进总经理、江苏靖江天润生物科技有限公司卢山林董事长与卢蓓蓓总经理，他们都为本工程中心的铁皮石斛产业化作出了重要贡献。与此同时，还要感谢各企业的中层领导与技术骨干，感谢他们为铁皮石斛产业化做出了许多具体细致的工作，在此不逐一列出姓名了。

最后，还要感谢我们团队中各位深入企业工作的博硕研究生同学，他们曾作为校企合作间的桥梁，不辞辛劳，穿梭于校企之间，出色地完成了铁皮石斛集约化生产过程中技术传授与沟通的具体任务。

2020 年是极不平凡的一年，新型冠状病毒肺炎在全球肆虐。我们国家在中国共产党的英明领导下已基本战胜了疫情，取得了决定性的胜利，为全球新冠疫情的防控做出了典范。在疫情防控的过程中，铁皮石斛具有增强免疫能力的功效更受人们重视了。铁皮石斛现已被我国列入药食同源的名录，是公认的用于健康养生的中药材与食材，必将成为世界健康产业关注的热点。作者们希望本书的出版，能够更好地为铁皮石斛集约化生产提供技术支撑，服务于全人类的健康事业。